清林径水库水质保障关键技术研究

兰建洪 周瑾 刘丰 著

中国水利水电出版社
www.waterpub.com.cn
·北京·

内 容 提 要

本书是以深圳市清林径水库为例，研究大型调蓄水库蓄水及正常运行过程中水环境风险及水质保障关键技术方面的专著。清林径水库是深圳市最大的储备水源地，也是东深供水和东江水源工程的调蓄水库，与深圳市用水安全密切相关。本书重点介绍了清林径水库水环境现状并预测了蓄水后水环境特征，有针对性提出了清林径水库水质保障关键技术及运行管理方案和建议，对大型调蓄水库或城市备用水源地水质保障具有现实指导意义。

本书可供水利、环保、生态等方面的规划设计、工程技术人员及科研工作者阅读，可供政府管理部门及关心水库水环境的各界人士参考。

图书在版编目（CIP）数据

清林径水库水质保障关键技术研究 / 兰建洪，周瑾，刘丰著. -- 北京：中国水利水电出版社，2021.5
ISBN 978-7-5226-0090-1

Ⅰ.①清… Ⅱ.①兰… ②周… ③刘… Ⅲ.①大型水库－水质管理－研究－深圳 Ⅳ.①TV697.1

中国版本图书馆CIP数据核字(2021)第210237号

书　　名	**清林径水库水质保障关键技术研究** QINGLINJING SHUIKU SHUIZHI BAOZHANG GUANJIAN JISHU YANJIU	
作　　者	兰建洪　周瑾　刘丰　著	
出版发行	中国水利水电出版社 （北京市海淀区玉渊潭南路1号D座　100038） 网址：www.waterpub.com.cn E-mail：sales@mwr.gov.cn 电话：（010）68545888（营销中心）	
经　　售	北京科水图书销售有限公司 电话：（010）68545874、63202643 全国各地新华书店和相关出版物销售网点	
排　　版	北京时代澄宇科技有限公司	
印　　刷	北京虎彩文化传播有限公司	
规　　格	184mm×260mm　16开本　10.5印张　249千字	
版　　次	2021年5月第1版　2021年5月第1次印刷	
定　　价	**48.00元**	

　　清林径引水调蓄工程是深圳市三大储备调蓄水源系统之一，清林径水库是深圳市最大的储备水源地，也是东深供水和东江水源工程的调蓄水库。清林径水库在正常运行期的供水区域涉及龙岗区3个街道；在遭遇特枯年、连续枯水年或突发供水事件时，供水区扩大至整个龙岗区，参与全市供水调配，与深圳市用水安全密切相关。

　　清林径水库扩建前正常水位为58.70m，正常库容为0.18亿 m^3，水质基本符合地表水Ⅱ类标准。扩建后清林径水库正常水位为79.00m，正常库容为1.73亿 m^3，将通过东深和东江水源供水管线引入东江水蓄满水库。在境外水源工程检修期或特殊情况下，清林径水库向外供给消耗的水量也将通过东深和东江水源供水管线引入东江水进行补充。

　　清林径水库在蓄水过程及蓄水后正常运行过程中可能面临水质恶化风险，影响其备用水源功能。根据2019年汛期东江取水口水质监测数据，东江来水中总磷、总氮浓度高于清林径水库，蓄水过程中将有部分氮、磷污染物随东江水进入水库，加上库区水动力条件弱，存在水体富营养化及水华风险。此外，水库正常运行过程水深增加20.30m，水体热分层现象可能更为明显，进而加剧底层水质恶化。目前清林径水库两个取水口高程均较低，蓄水后取水均为底层水，存在部分时段无法提供优质原水的风险。

　　为切实做好清林径引水调蓄工程水质保护工作，保障深圳市用水安全，以清林径水库为研究对象，开展了"环境与调度深度耦合的大型引水调蓄水库水质保障关键技术研究"工作，本书是相关研究成果的总结。本书首先系统调查库区水环境、水生态状况及植被、水土流失情况，分析评价水库水环境现状及水环境风险；然后，建立库区三维水环境模型，预测分析蓄水后库区水质、水温分布特征，以及正常运行调度对库区水质的影响；最后，提出水库面源污染防治、调水水质提升和库区水环境改善等关键技术，以及分层取水方案、运行调度方案及水环境监测方案，研究成果可为提高清林径水库的管理水平，保障清林径水质安全提供技术支撑。本书可为国内类似水库的水质保障和运行管理提供借鉴和参考。本书的研究得到了"深圳市水务发展专项资金科技创新项目"（SSZX2019－064）和"十三五水体污染控制与治理科技重大专项"（2017ZX07108－001）的支持，在此一并表示感谢。全书共分 10 章，参加撰写的有兰建洪、周瑾、刘丰、廖定佳、陈文学、白音包力皋、许凤冉、穆祥鹏、王晓松。

由于编辑出版时间仓促，加之编写水平有限，书中难免存在错误或不妥之处，敬请读者评批指正。

著者
2021 年 5 月

目 录

1.1　研究背景

深圳为全国严重缺水城市之一，其境外引水量占总用水量的 85％左右，中长期供水缺口巨大。作为国际化大都市的深圳，应当具有较高的水危机应对能力。但由于深圳市主要依赖于东江外调水水源，水源系统较为单一，一旦东江流域遭遇特枯水年或连续枯水年，或出现类似松花江和北江水污染事件的供水危机，将会造成巨大的经济损失和社会影响。为提高水资源保障能力，必须加快建设与境外水源特点相适应的外调水量储备工程。

清林径引水调蓄工程是深圳市三大储备调蓄水源系统之一，建成后将有效解决深圳市中长期缺水问题。清林径水库位于龙岗河流域一级支流龙西河上游，西侧与东莞市相邻，北侧与惠州市相邻。工程包括清林径水库扩建工程、龙口—清林径输水工程和东江—清林径输水工程三部分。水库扩建后正常水位 79.00m，水库面积 10.53km²，总库容 1.86 亿 m³，水库控制集雨面积 28.20km²，占总流域面积 62％。调蓄工程主要从东深引水干线的龙口和东江引水干线的坪地取水输入清林径水库。工程任务以供水调蓄和储备应急为主，兼顾防洪，其中首要任务为储备水源。

深圳市经过 40 年的发展，已经成为一个现代化的国际大都市，对水源保障的认识也发生了重大转变，从低层次保障向较高层次保障转变，生产用水从不同水质统一供应向优水优用、分质供水转变，生活用水由水量满足向水量、水质同时满足转变。根据深圳市地表水环境功能区划，清林径水库属于饮用水水源保护区，水质目标为 GB3838—2002《地表水环境质量标准》中Ⅱ类标准，对清林径水库的运行调度和管理提出了更高要求。

随着深圳经济发展、人口增加等对环境的污染压力不断加剧，城市化进程对地区水系生态环境、水质安全造成了严重影响，深圳市饮用水源地水库普遍面临着生态环境变化甚至恶化的压力，生态安全问题日益突出。根据相关单位对清林径水库水质的监测，已有总磷等部分指标轻微超标；境外补水也可能对库区水质造成一定影响，水库水质管理将面临新的挑战。

目前国内在调水调蓄水库水环境与生态保护修复方面缺乏基础性、战略性和原创性研究。在水环境治理的应用技术方面，大多是引进和消化国外的技术，自主创新技术较少。尚未形成完整的水域生态环境监测体系和信息共享机制，长期、动态的基础数据积累不够，难以开展水环境及水生态状况的科学评价和预测分析，也难以提高环境管理的预警和应急能力。

为切实做好清林径引水调蓄工程水质保护工作，保障深圳市用水安全，深圳市东部水源管理中心联合中国水利水电科学研究院开展了"环境与调度深度耦合的大型引水调蓄水库水质保障关键技术研究"，系统调查清林径库区水环境、水生态状况及植被、水土流失情况，分析水库水质风险源，提出应对策略，为提高清林径水库的管理水平，保障水源地水质安全，为流域生态服务价值提升、流域水生态质量改善提供技术支撑。

1.2 研究内容与技术路线

研究总体目标是摸清清林径水库存在或可能面临的水环境问题，制定清林径水库水质保障成套技术方案，具体研究内容如下：

（1）开展现场勘查及数据采样，包括水环境调查 4 次（雨季 2 次、旱季 2 次），库区水生态、植被、水土流失调查各 1 次。

（2）建立水库三维水质数学模型。

（3）预测分析蓄水后水环境及水生态环境变化。

（4）研究水库面源污染防治、调水水质提升、库区水环境改善等关键技术；提出适宜的分层取水方案、水库运行调度方案和水环境监测方案。

总体技术路线如图 1-1 所示。首先开展现场勘查和采样工作，主要包括 4 次水质调查、1 次沉积物质量调查和 1 次水生态调查，结合收集到的植被和水土流失相关资料，分析清林径库区水环境现状、污染特点及主要风险源。在上述研究的基础上，建立清林径水库三维水质、水温数学模型，预测蓄水过程中水环境变化特征，以及蓄满后库区水体水温分层特性和运行调度对水质的影响。最后根据上述研究结果，针对可能出现的水环境、水生态问题，遵循保护优先、防治污染、保障水质安全的原则，提出水库面源污染防治技术、调水水质提升技术、库区水环境改善技术等技术方案；提出适宜的分层取水方案、水库运行调度方案和水环境监测方案，以保障蓄水后清林径水库水环境安全。

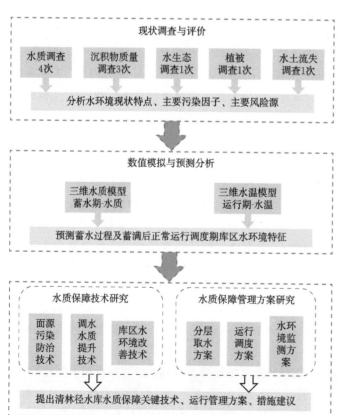

图 1-1　技术路线图

◀◀◀ **第2章**

流域概况

2.1 河流水系

2.1.1 水系

    清林径水库位于龙岗河流域一级支流龙西河上游。龙岗河流域位于深圳市东北部，是东江二级支流龙淡河的上游段。龙岗河发源于深圳市梧桐山北麓，自南向北流经深圳市龙岗区横岗、龙岗、龙城、坪地和坪山区坑梓五个街道，在坑梓街道的大松山进入惠阳境内。如图2-1所示。龙岗河流域总集雨面积为408.0km²，其中深圳市内流域面积为297.6km²，占流域总集雨面积的72.9%，惠州市境内流域面积110.4km²，占流域总集雨面积的27.1%。龙岗河流域主要河流基本情况见表2-1所示。

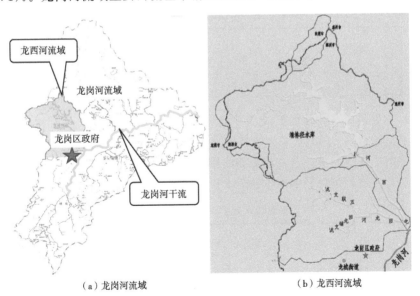

（a）龙岗河流域　　　　　　（b）龙西河流域

图2-1　龙西河流域水系图

    龙西河位于龙岗河流域西北部，流域集雨面积45.5km²，是龙岗河中游左岸一级支流。龙西河发源于深圳市与东莞市交界的山脉十二栋山峰，河流总体由北向南流，上游是清林径水库，河流流经龙岗的黄龙湖、红花岭、龙西村、车村等，下游在福宁桥穿越龙新大道注入龙岗河干流。龙西河全长 13.4km，河床平均比降 4.4‰，主要一级支流有回龙河。

表 2-1 　　　　　　　　龙岗河流域主要河流基本情况统计表

河流			流域面积/ km²	河长/ km	比降/ ‰
干流	一级支流	二、三级支流			
龙岗河			408.0	29.2	0.5
	龙西河		45.5	13.4	4.4
		回龙河	14.4	6.2	6.3

回龙河为龙西河右岸一级支流，位于龙岗街道境内，发源于五栋梗，下游在格水村附近注入龙西河。回龙河全长 6.2km，平均比降 6.3‰，集雨面积 14.4km²。河道流经将军帽、三角陂、松元头、楼吓村等地，城镇面积 10.9km²。回龙河松元头村附近以上河段分为左右两支流，左支为五联社区支流，右支为回龙铺支流。流域内无蓄水工程。

2.1.2　水文泥沙

龙西河流域为山区性雨源，径流与降雨密切相关。据龙岗河下陂水文站 1959—1968 年资料统计，龙岗河流域平均年径流深为 980mm，平均年径流量为 3.32 亿 m³。

根据《清林径水库扩建初步设计报告》，采用实测降雨资料并结合《广东省水文图集》，间接推求水库的径流：清林径水库坝址以上（1963—2007 年径流系列）多年平均年径流量为 2650 万 m³，$C_v=0.38$，$C_s=2C_v$。不同频率设计径流成果见表 2-2。

表 2-2 　　　　　　　　清林径水库扩建工程设计年径流量

多年平均年 径流量/万 m³	C_v	C_s/C_v	不同频率设计年径流量/万 m³					
			$P=10\%$	$P=25\%$	$P=50\%$	$P=75\%$	$P=97\%$	$P=99\%$
2650	0.38	2	3994.5	3242.7	2523.6	1920.1	1102.1	875.7

区域洪水主要是由本地暴雨形成，暴雨洪水多发生在 4—10 月，其中 4—6 月洪水主要由峰面雨造成，7—10 月洪水多为热带气旋、台风雨造成。由于该片区河流为典型的山溪性河流，平均汇流时间短，且工程水面面积所占权重较大，大部分降雨直接转换成水库洪水，洪水过程尖瘦。清林径水库扩建后的设计洪水成果见表 2-3。

表 2-3 　　　　　　　　清林径水库扩建工程设计洪水

频率/%	洪峰流量/m³·s⁻¹	洪水总量/万 m³	
		72h	24h
$P=0.02$	990.7	2876.1	1981.5
$P=0.2$	786.3	2173.1	1485.1

龙西河流域的成土母岩主要为花岗岩和砂页岩，形成的土壤主要是赤红壤和红壤，石英砂含量高，结构疏松，易于崩解。流域暴雨量大而集中，构成了本流域易于产生水土流失的自然因素，加之砍伐林木、大面积推山平土、破坏土壤植被等人为不合理的生产活动

加重了流域水土流失，使得河流含沙量增加。参考《广东水资源》（广东省水文总站，1986年8月）成果，龙西河多年平均含沙量为0.13kg/m³，水库多年平均悬移质输沙量为3445t。

2.1.3　地貌地质

2.1.3.1　地形地貌

龙岗河流域分布在低山丘陵地带和台地区，总地势西南高，东北低。干流河谷地貌呈宽窄相间的串珠状，宽处为冲积盆地，窄处为峡谷。蒲芦陂水库以上的梧桐山河与大康河属低山区，河谷较窄（谷宽200～300m），坡降较大，河床纵向平均坡降10.8‰，蒲芦陂水库至深惠公路下陂头桥段属低丘陵区，下陂头桥以下为台地区，地势平缓，发育成龙岗与坪地2个盆地，两盆地之间为低山河段，河谷突然变窄，河道弯曲。在坪地盆地，河床紧靠盆地南侧的低丘，河面宽阔，沙洲发育。

龙西河流域地形总体走势为由北向南逐渐降低，地貌单元上属深圳市北部低丘盆地区，以低丘剥蚀地貌为主，包括部分冲洪积台地地貌，地形起伏相对较大，地面高程30～289m，见图2-2。水库周围大多山体雄厚且坡度和缓，库盆及坝址部位为剥蚀残丘，库区淹没线上下地形较平缓，坡度一般小于25°，植被覆盖率较高。

2.1.3.2　地质条件

该区域属深圳市北部低丘盆地区，出露的地层主要有第四系冲洪积层和残坡积层，下部基岩主要是下石炭系大赛坝组砂岩和晚侏罗系黑云母二长花岗岩，库区无可溶岩分布。区内构造形迹以断裂构造为主，区域性大断裂——深圳断裂和博罗紫金断裂距库区10km以上，对库区稳定无影响，未见全新世活动断裂。工程场地地震基本烈度为Ⅵ度，基岩地震动峰值加速度为0.0628g，地震动反应谱特征周期0.35s，工程场地稳定条件较好。

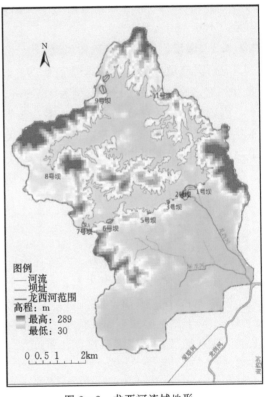

图2-2　龙西河流域地形

库区内地层岩性主要包括冲洪积层、残坡积层和风化基岩。裸露基岩多为砂页岩、花岗岩，在常年高温多雨，化学风化及强烈淋溶作用下形成各种各样的赤红壤。土壤表层中有机质含量为20%左右，而土壤流失严重的侵蚀赤红壤，表层有机质含量仅0.2%～0.4%。库区淹没线上下地形较平缓，植被发育良好，水库扩建后不会产生规模较大的库岸稳定问题，水土流失轻微，不易造成泥砂淤积，发生浸没和出现破坏性诱发地震的可能性小。

2.1.4 气象条件

2.1.4.1 气温

龙西河流域地处北回归线以南，属南亚热带海洋性季风气候。冬短夏长，气候温和，光照充足，雨量充沛。据深圳气象台多年资料统计，流域多年平均气温为 22.4℃，年实测极端最高气温为 38.7℃，极端最低气温为 0.2℃，日气温高于 30℃的天数为 123 天，最高气温多出现于 7—8 月，最低气温多出现在 1—2 月。

2.1.4.2 降雨

龙西河流域内降雨量充沛，多年平均雨日 140 天，降雨年际、年内分布不均。据清林径雨量站 1960—2007 年实测雨量资料统计，多年平均年降雨量为 1719.1mm，年最大降雨量 2476mm（1986 年），年最小降雨量 979mm（1963 年），最大年雨量是最小的 2.5 倍。年内雨量分配极不均匀，夏秋多，冬春少，年内降雨量主要集中在 4—9 月，期间降雨量约占全年的 85%。清林径雨量站历年实测最大 24h 雨量为 412.3mm，多年平均最大 24h 雨量为 170.1mm。

2.1.4.3 湿度、蒸发量及风向风速

龙西河流域多年平均相对湿度为 79%，多年平均气压 1.01×10^5 Pa。多年平均年蒸发量为 1176.7mm，最大月蒸发量为 187mm（7 月），最小月蒸发量为 96mm（2 月）。

流域内夏季受热带气旋控制，盛行暖湿的东南风和西南风，冬季盛行干燥的偏北风，常年盛行风向为东南。据广东省水利厅《关于印发〈广东省沿海地区年最大风速和相应年最高潮位日的最大风速频率计算成果〉的通知》（1998 年 2 月），流域内多年平均风速为 2.6m/s，多年平均最大风速为 22.8m/s，极端最大风速为 40m/s。

2.2 社会经济

龙岗区位于深圳市东北部，东邻坪山区，南连罗湖区、盐田区，西接龙华区，北靠惠州市、东莞市。辖区总面积 388.21km²，下辖平湖、坂田、布吉、南湾、横岗、龙城、龙岗、坪地、吉华、园山、宝龙 11 个街道，111 个社区。龙岗距香港 30km，距广州 150km，位于深莞惠城市圈几何中心，是深圳辐射粤东粤北地区的"桥头堡"。2020 年，龙岗区实现地区生产总值 4744.49 亿元，比上年增长 1.1%。规模以上工业企业增加值 2784.59 亿元，增长 2.0%。

龙西河流域地处龙岗区龙岗街道，受龙岗中心城的辐射带动，经济得到快速发展。万科清林径、深业紫麟山花园、龙光君悦龙庭等一大批高档现代化居住区进驻流域所处的回龙铺片区，与龙西河、回龙河近在咫尺。

龙岗区规划由龙城、龙岗、坪地三个街道构成龙岗中心组团，其功能定位为深圳市核心城区的组成部分，东部发展轴的综合服务中心，重点发展商业服务业、房地产业、金融业、先进工业等为主体的产业。

龙西河流域面积为 45.5km²，根据现状和规划用地情况，可分为水库集雨区、生态控制区和绿地、城市建设用地等三类。龙西河流域东部为清林径水库，周边以水域、林地为主，

面积约为 28.2km²，占流域总面积的 62%；仅有西北侧为城市建设用地，规划建成区面积为 12.9km²，以居住用地为主，穿插分布有工业和商业用地。清林径水库泄水渠两侧规划为发展备用地。见表 2-4 和图 2-3。

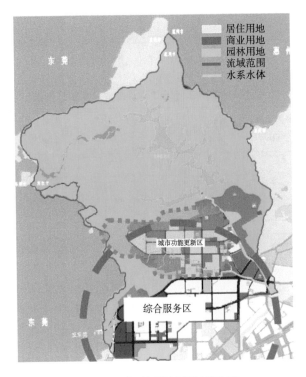

图 2-3 龙西河流域规划用地图

表 2-4 龙西河流域用地分析

用地	水库集雨区	生态控制区和绿地	城市建设用地
面积/km²	28.2	4.4	12.9
比例/%	62.0	9.6	28.4

2.3 水利工程建设情况

2.3.1 水库

龙西河流域内已建水库 3 座：清林径水库（中型）、黄龙湖水库（小（一）型）和伯公坳水库（小（二）型），总控制集雨面积 28.2km²，占总流域面积的 62.0%，具体如表 2-5 所示。

清林径水库建成于 1963 年 3 月，集水面积 23.0km²，主流长度 12.3km，平均河床比降 0.04‰，正常库容 1803 万 m³，总库容 2751 万 m³。清林径水库水质良好，水量丰富，目前为猫仔岭水厂的主要供水水源。

黄龙湖水库建成于1998年12月，集雨面积 $5.2km^2$，主流长度5.83km，平均河床比降0.02‰，正常库容708万 m^3，总库容995万 m^3。水库位于清林径水库下游，承接清林径水库溢洪道泄水，主要功能为供水及防洪。

伯公坳水库，又名伯坳水库，库址位于清林径水库西北面库尾，集雨面积 $1.63km^2$，主流长度2.56km，平均河床比降0.01‰，正常库容10.3万 m^3，总库容24.3万 m^3。水库溢洪道位于主坝左侧200m左右的山坳处，为开敞式明渠，洪水期通过溢洪道泄入清林径水库。

表2-5　　　　　龙西河流域蓄水工程统计表（清林径水库扩建前）

水库名称	规模	集雨面积/ km^2	河长/km	比降/‰	总库容/万 m^3	正常库容/万 m^3	建库时间	备注
清林径	中型		12.30	0.04	2751.0	1803.0	1963.3	相互连通实施扩建并已完工
黄龙湖	小（一）型	28.2	5.83	0.02	995.0	708.0	1998.12	
伯公坳	小（二）型		2.56	0.01	24.3	10.3	1990.11	

2.3.2　堤防

清林径（黄龙湖）水库溢洪道以下河段至龙岗河汇合口总长4.2km，河床平均比降为3.2‰，两岸已砌筑防洪墙，主要为浆砌石矩形及浆砌石梯形断面，河道底宽10~40m，顶宽16~40m，挡墙高3~8m，水库以下河段均已经过整治。

2.4　清林径引水调蓄工程概况

2.4.1　深圳市引水调蓄工程布局

根据《深圳市水资源综合规划》，为提高全市总体供水保证率，增强对东江流域特枯年份和连续枯水年的抗御能力，满足特殊干旱期和突发水危机时的用水需求，应兴建必要的储备水库，或在水库兴利库容中满足正常供水需要的调节库容前提下，预留一定的储备库容。深圳市2020年所需调蓄库容和储备库容与现有兴利库容之间的对比见表2-6。

表2-6　　　　深圳市2020年所需库容与已有兴利库容对比表　　　　单位：亿 m^3

区域	满足城市97%供水保证率调节库容	满足正常及储备应急需求兴利库容	现有水库兴利库容
原特区	0.55	1.85	0.68
宝安区	2.20	3.84	2.85
龙岗区	1.25	2.68	0.84
总计	4.00	8.37	4.37

根据 2020 年深圳市储备水源工程总体布局规划，宝安区、南山组团和中心组团福田区以公明、铁岗水库为储备水源中心，结合深圳、西丽、长岭皮、石岩、茜坑、鹅颈等水库，以盐田、南山海水淡化工程和地下水利用工程为应急水源形成储备水源保证体系。龙岗中心组团和中部物流组团以清林径、龙口水库为储备水源中心，以地下水利用工程为应急水源形成储备水源保证体系，多余水量通过网络干线调往特区中心组团罗湖区。东部工业组团和东部生态组团以赤坳、松子坑和海湾水库为储备水源中心，以地下水利用工程为应急水源形成储备水源保证体系，多余水量经赤坳水库通过网络干线调往特区盐田组团。

2.4.2　东江引水工程概况

深圳市境外引水工程有东深供水工程、东江水源工程和西江引水工程（在建）。其中东深供水工程是一座以香港供水为主要目标，同时担负深圳市和东莞沿线乡镇原水供应的跨流域大型引水工程。工程北起东江，南至深圳河，输水干线全长 68km，由 6 座泵站、2 座电站、1 座生化站、2 套独立供电网、2 座调节水库、61km 供水管道等建筑物组成。见图 2-4。为满足香港、深圳和东莞等地经济社会发展的用水需求，在 1974—2003 年，广东省先后耗资近百亿元对工程进行了三次扩建和一次全面改造。一期扩建工程于 1974 年 3 月开始施工，1978 年 9 月建成，工程投资 1567 万元，年供水能力增加到 2.88 亿 m^3。二期扩建工程于 1981 年开始施工，1987 年 10 月上旬建成，工程投资 2.70 亿元，年供水能力达到 8.63 亿 m^3。三期扩建工程于 1990 年 9 月 28 日动工，1994 年 1 月建成，工程投资 16.5 亿元，年供水能力 17.43 亿 m^3。四期改造工程于 2000 年 8 月 28 日开工，2003 年 6 月 28 日建成投产，2006 年 7 月 5 日通过竣工验收，工程投资 49 亿元，工程设计流量 100m^3/s，设计供水保证率为 99%，设计年供水能力 24.23 亿 m^3。

东江水源工程是为长远解决深圳水源短缺问题，由深圳市政府投资建设的大型跨流域调水工程，是目前深圳两大境外引水工程之一。工程东起惠州市水口街道办廉福地的东江左岸和马安镇老二山的西枝江左岸，西至深圳市宝安区，干线全长 106km，以"长藤结瓜"的形式横穿深惠两地，见图 2-4。东江水源工程设计水平年为 2010 年，供水保证率为 97%，设计总供水量为 7.2 亿 m^3/年，最大输水流量为 30m^3/s，供水水质达到或优于 GB 3838—2002《地表水环境质量标准》中 Ⅱ 类标准。工程投资 37.28 亿，1996 年 11 月 30 日开工建设，2001 年 12 月 28 日建成通水，主要建筑物有泵站、隧洞、箱涵、管道、渡槽、倒虹吸管以及沿线分水建筑物、检修闸、检查井等次要建筑物和附属建筑物。工程二期概算投资 5.01 亿元，2006 年 8 月 5 日开工建设，2010 年 11 月 26 日正式通水，主要建设任务包括改造东江取水口、新建东江泵站（二期）、新建永湖泵站（二期）、新铺 7.68km 东江至西河潭输水管道等。工程线路沿山脉自然走势布置，采用全线封闭结构输水，取水口选址理想，具有水质优、供水成本低、投资优、布局合理、效益优、工程技术含量高、运行模式优等特点。自建成通水至今，工程总体运行良好，已实现连续安全生产 3700 多天，累计为深圳供水近 40 亿 m^3，在深圳社会经济持续健康发展中发挥了举足轻重的作用，取得了显著的经济社会效益，使深圳成功抵御了

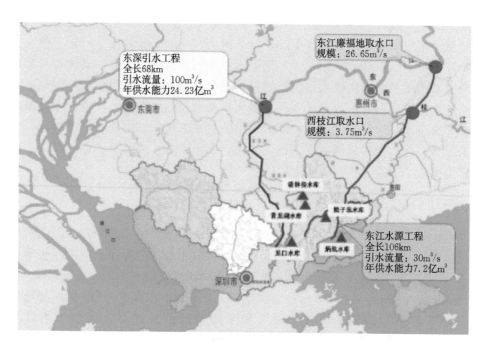

图 2-4 龙岗河流域从东江水系的引水路线图

2002 年至 2004 年三年罕见连旱,每年供水量直接或间接支撑了深圳市近三分之一的年度生产总值。

2.4.3 清林径引水调蓄工程概况

清林径水库是东深供水工程和东江水源工程的调蓄水库,也是深圳市重要储备水源。清林径引水调蓄工程主要包括水库扩建工程和配套输水工程。

2.4.3.1 清林径水库扩建工程

清林径扩建工程于 2018 年完工,扩建后的清林径为大(二)型水库,设计洪水标准 500 年一遇,校核标准 5000 年一遇。扩建后水库正常水位 79.0m,校核洪水位 80.29m,水库总库容 1.86 亿 m^3,死水位 51.0m,死库容 500 万 m^3。水库控制集雨面积 28.2km^2,占总流域面积 62%,正常蓄水位时水面面积 10.53km^2。工程任务以供水调蓄和储备应急为主,兼顾防洪,其中首要定位是深圳市储备水源。

2.4.3.2 输水工程

清林径水库除一部分降雨自产水外,主要从东深供水工程的龙口和东江水源工程的坪地两个取水口取水,分别通过龙清输水工程及龙清提升泵站和东清输水工程及东清输水泵站提升输水进入水库。其中龙清输水工程规模为 60 万 m^3/d;东清输水工程规模为 40 万 m^3/d。

2.4.4 清林径水库蓄水计划

2.4.4.1 初期蓄水

在仅考虑水库自产水、东江置换水和东深协议供水量 5600 万 $m^3/$年的情况下,水库建成后,蓄至正常水位的时间在 3~4 年的概率最大,占 57.9%,说明清林径水库的蓄水时间不少于 4 年较有保障。

2.4.4.2　运行期蓄水

在仅考虑东深协议供水量 5600 万 m³/年的情况下，水库运行后再次蓄水，蓄至正常水位的时间丰水年在 2 年左右，平水年在 4 年左右。如果考虑增加东江引水量，则丰、平水年水库可在 1～2 年蓄满。

2.4.5　清林径水库运行调度情况

2.4.5.1　工程调度运用原则

东深、东江引水首先满足其供水对象的用水需求，东清输水工程、龙清输水工程运行条件为汛期存在多余水量，向清林径水库输水。水库蓄水期间，清林径水库与龙口水库及东江水源工程之间的水量交换均先采用重力自流有压式输水方式，在清林径水库水位不满足自流要求时，才经过提升泵站输送。清林径水库应急运行的条件为城市供水保证率 97% 遭到破坏或突发性水灾害事件发生，届时开始动用清林径水库的储备库容进行供水。应急供水期间，在遭遇突发供水事件时清林径水库按 70% 限制水量向深圳市三个组团（龙岗中心组团、中部物流组团和中心组团罗湖区）供水。水库运行期间，为确保水库水质不恶化，即使水厂水量有持续的境外水保障，在特定时间，应由水库向水厂供给一定水量，再由境外水补充入水库。由于确保水库水质不发生恶化所需要的交换水量尚未最终确定，待该水量确定后，水库的调度方式需相应进行修改。在蓄、用水过程中要充分利用本地水资源。如遇丰水年，水库自产水量较大，按照现有供水方式会产生弃水时，需调整供水方式，防止水库弃水。工程的调度与深圳市联网水库统筹考虑。

2.4.5.2　调度运用方式

清林径水库蓄水期间，利用水的自重，实现龙口水库向清林径水库自流输送水量。当龙口水库水位蓄至 71.00m 时，打开龙清输水工程隧洞进口侧工作闸门向清林径水库放水。当清林径水库水位蓄至 66.55m 时，龙口水库不能自流供水，此时运用龙清提升泵站，将龙口水库水量提升至清林径水库。为充分利用本地水资源，防止弃水，当清林径水库水位上升至 77.00m 时，停止使用龙清提升泵站。

蓄水期间，龙口水库通过龙清输水工程，分别向猫仔岭水厂和清林径水库供水。东江水源工程供水网络干线水量有富余时，可通过东清输水工程将富余水量输送至清林径水库。受水位影响，当清林径水库水位低于 57.17m 时，东江富余水量可通过东清输水工程自流输送至清林径水库。当清林径水库水位高于 57.17m 时，无法实现自流，启用东清提升泵站，将东江原水提升至清林径水库。

在清林径水库实际运行过程中，为充分利用本地水资源，在汛期来临前，水库水位应低于正常水位 79m 运行，汛初水库水位控制在 77m 以下，水库利用该水位与正常蓄水位间的库容，对本地水资源进行调蓄利用。正常供水期间，东清提升泵站和龙清提升泵站暂不使用。

当遭遇特枯年、连续枯水年或突发供水事件时，利用清林径水库储备水量，结合各输水支线向中心城水厂、猫仔岭水厂、坪地水厂、獭湖水厂、笔架山水厂等反向供水。

当清林径水库遭遇设计洪水（$P=0.2\%$）时，在保持水库正常向外供水前提下，超过正常水位的洪水通过溢洪道泄到水库下游河道。当清林径水库遭遇校核洪水（$P=0.02\%$）时，清林径水库通过溢洪道向下游排洪。

当深圳市遭受到战争威胁或预报区域内将有地震等特大自然灾害时，为保证下游城区人民的生命和财产安全，清林径水库应通过输水工程尽快将水库内蓄水放空。

2.4.5.3 工程调度运用过程

2019 年以来，东清输水工程在汛期将多余水量输送至清林径水库，使水位和库容逐渐增加。2019 年 8 月，东清泵站输水入库 291 万 m^3；2020 年 3 月输水入库 141 万 m^3；2020 年 6—7 月入库 321 万 m^3。期间，水库向猫仔岭水厂和坪地水厂供水。水库库容自 2019 年 7 月的 977 万 m^3 增加到 2020 年 12 月的 1441 万 m^3，其调水和供水过程及水位和蓄水量变化情况如图 2-5 和图 2-6 所示。

2.4.6 2019 年以来水质变化过程

近年来，深圳市东部水源管理中心委托第三方检测单位每周对清林径水库表层水体实施例行采样监测，包括取水口、库中和库尾三个监测点，监测水质指标包括水温、pH 值、高锰酸盐指数、氨氮、总氮、硝酸盐氮、总磷等常规指标和铁、锰、铜、锌等重金属指标。2019 年 7 月以来各监测点水质指标的逐月变化情况见表 2-7～表 2-9。

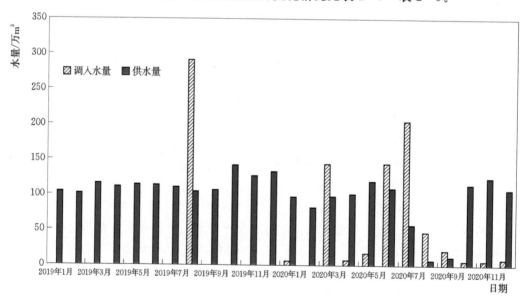

图 2-5 2019 年以来清林径水库逐月调入水量和供水量

从时间变化过程来看，清林径水库雨季水温高于旱季。2019 年 8 月之后调入水量增加，水库蓄水量增加，2020 年 7—11 月水库水温均值为 23.87℃，低于 2019 年同期的水温均值 27.58℃。就空间分布而言，11 月至次年 3 月旱季取水口附近水温高于库中和库尾水温，其他月份各点水温比较接近。见图 2-7。

表2-7　2019年7月以来取水口附近主要水质指标变化情况

年份	月份	水温/℃	pH值	铁/(mg/L)	锰/(mg/L)	铜/(mg/L)	锌/(mg/L)	氨氮/(mg/L)	硝酸盐氮/(mg/L)	总氮/(mg/L)	总磷/(mg/L)	高锰酸盐指数/(mg/L)
2019	7	28.50	7.64	0.220	<0.01	<0.04	<0.009	0.14	0.08	0.36	0.02	2.30
	8	29.40	7.60	0.175	<0.01	<0.04	<0.009	0.13	0.07	0.37	0.03	2.16
	9	29.52	7.26	0.078	<0.01	<0.04	<0.009	0.10	0.14	0.43	0.02	1.40
	10	26.98	7.07	0.122	0.0220	<0.04	<0.009	0.09	0.10	0.32	0.02	1.87
	11	24.00	7.22	0.170	0.0500	<0.04	<0.009	0.11	0.09	0.41	0.02	2.01
2020	1	22.00	7.26	0.020	<0.01	<0.04	<0.009	0.12	0.14	0.30	0.03	1.56
	2	23.65	6.82	0.025	<0.01	<0.04	<0.009	0.10	0.15	0.36	<0.010	2.86
	3	21.00	7.07	0.007	0.0002	0.0004	0.0010	0.11	0.14	0.36	0.02	1.96
	4	23.03	7.19	0.007	0.0017	0.0006	<0.00067	0.14	0.13	0.32	0.02	1.82
	5	27.53	6.99	0.032	0.0012	0.0003	0.0044	0.14	0.12	0.29	0.02	2.46
	6	25.55	7.04	0.028	<0.00012	0.0002	0.0029	0.15	0.19	0.38	0.02	1.98
	7	24.05	7.12	0.003	<0.00012	0.0004	0.0007	0.07	0.20	0.32	0.01	1.71
	8	25.50	6.90	0.004	0.0013	0.0016	0.0057	0.06	0.20	0.26	0.02	1.91
	9	23.80	6.95	0.005	<0.00012	0.0003	<0.00067	0.09	0.15	0.34	0.01	1.53
	10	24.13	6.85	0.060	0.0363	<0.00008	0.0424	0.28	0.10	0.40	0.01	1.02
	11	21.68	7.15	0.025	0.0072	0.0006	<0.00067	0.23	0.10	0.41	0.01	0.85
均值		25.02	7.13	0.061	0.0150	0.0006	0.0112	0.13	0.13	0.35	0.02	1.84

表 2-8　2019 年 7 月以来库心附近主要水质指标变化情况

年份	月份	水温/℃	pH值	铁/(mg/L)	锰/(mg/L)	铜/(mg/L)	锌/(mg/L)	氨氮/(mg/L)	硝酸盐氮/(mg/L)	总氮/(mg/L)	总磷/(mg/L)	高锰酸盐指数/(mg/L)
2019	7	29.00	7.78	0.180	<0.01	<0.04	<0.009	0.12	0.07	0.19	<0.010	2.50
	8	29.10	7.59	0.163	<0.01	<0.04	<0.009	0.11	0.07	0.28	0.02	1.99
	9	29.12	7.28	0.108	<0.01	<0.04	<0.009	0.11	0.14	0.34	0.02	1.86
	10	26.68	6.99	0.158	0.0275	<0.04	<0.009	0.10	0.10	0.30	0.02	1.96
	11	23.50	7.07	0.140	<0.01	<0.04	<0.009	0.22	0.11	0.35	0.01	1.90
2020	1	21.00	7.41	0.020	0.0200	<0.04	<0.009	0.15	0.08	0.24	0.01	1.79
	2	22.50	7.00	0.030	<0.01	<0.04	<0.009	0.11	0.14	0.37	0.03	3.00
	3	20.92	7.09	0.014	0.0003	0.0005	0.0008	0.12	0.14	0.32	0.02	1.87
	4	23.27	6.85	0.006	0.0003	0.0006	0.0012	0.12	0.12	0.28	0.02	2.08
	5	27.77	7.00	0.034	0.0014	0.0003	0.0009	0.13	0.11	0.32	0.02	2.20
	6	25.80	7.02	0.034	<0.00012	0.0003	0.0007	0.22	0.12	0.40	0.02	2.04
	7	24.20	7.26	0.004	<0.00012	0.0004	0.0007	0.07	0.21	0.27	0.01	1.70
	8	25.20	6.89	0.009	<0.00012	0.0012	0.0030	0.12	0.17	0.28	0.02	1.97
	9	23.85	6.89	0.009	<0.00012	0.0004	0.0008	0.07	0.12	0.33	0.01	1.54
	10	23.70	6.97	0.042	0.0090	0.0013	<0.00067	0.16	0.10	0.39	0.01	0.97
	11	22.48	7.12	0.014	0.0004	0.0003	<0.00067	0.13	0.11	0.40	0.01	0.82
均值		24.88	7.14	0.060	0.0084	0.0006	0.0012	0.13	0.12	0.32	0.02	1.89

表 2-9　　2019 年 7 月以来库尾附近主要水质指标变化情况

年份	月份	水温/℃	pH值	铁/(mg/L)	锰/(mg/L)	铜/(mg/L)	锌/(mg/L)	氨氮/(mg/L)	硝酸盐氮/(mg/L)	总氮/(mg/L)	总磷/(mg/L)	高锰酸盐指数/(mg/L)
2019	7	29.00	7.45	0.240	<0.01	<0.04	<0.009	0.14	0.07	0.22	0.01	2.50
	8	29.40	7.48	0.210	<0.01	<0.04	<0.009	0.13	0.06	0.37	0.03	2.34
	9	29.46	7.17	0.154	<0.01	<0.04	<0.009	0.14	0.11	0.33	0.02	1.95
	10	26.58	6.98	0.156	0.0433	<0.04	<0.009	0.16	0.09	0.33	0.02	2.10
	11	23.50	7.14	0.080	<0.01	<0.04	<0.009	0.15	0.11	0.26	0.02	1.94
2020	1	21.50	7.33	0.020	<0.01	<0.04	<0.009	0.12	0.05	0.18	0.01	1.83
	2	22.00	6.93	0.025	<0.01	<0.04	<0.009	0.11	0.12	0.30	0.01	3.02
	3	20.83	7.18	0.019	0.0002	0.0003	<0.009	0.12	0.13	0.33	0.01	2.02
	4	23.20	7.13	0.011	0.0006	0.0006	<0.00067	0.13	0.12	0.33	0.02	2.03
	5	27.90	6.96	0.028	0.0021	0.0004	<0.00067	0.11	0.10	0.29	0.02	2.25
	6	25.70	7.20	0.036	<0.00012	0.0001	<0.00067	0.15	0.21	0.38	0.02	2.09
	7	24.50	7.16	0.006	<0.00012	0.0006	<0.00067	0.05	0.20	0.27	0.02	1.75
	8	25.40	6.84	0.007	<0.00012	0.0009	0.0017	0.10	0.15	0.29	0.02	2.09
	9	23.85	6.82	0.013	0.0009	0.0001	<0.00067	0.08	0.10	0.34	0.02	1.77
	10	24.10	6.79	0.021	<0.00012	<0.00008	<0.00067	0.09	0.09	0.33	0.02	0.90
	11	21.58	7.13	0.015	0.0074	0.0004	<0.00067	0.09	0.12	0.38	0.01	0.80
均值		24.91	7.10	0.065	0.0091	0.0004	0.0017	0.12	0.11	0.31	0.02	1.96

2020年7—11月清林径水库pH值均值为6.99，低于2019年同期的pH值均值7.31。2019年外调水调入后水质有酸化趋势。pH值的空间分布没有明显规律性特征。见图2-8。

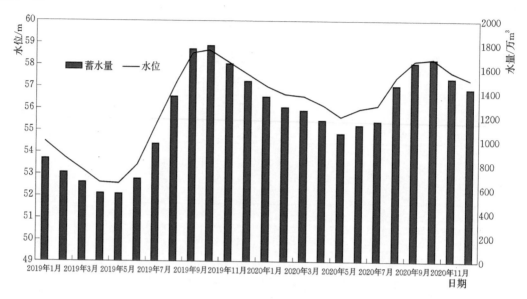

图2-6　2019年以来清林径水库水位与蓄水量逐月变化情况

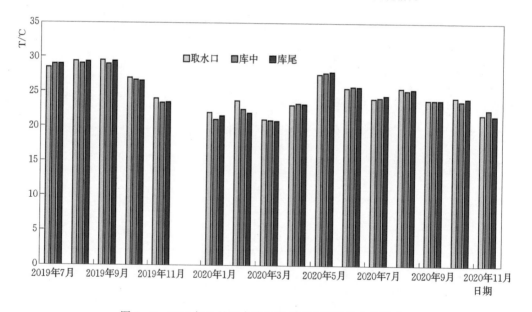

图2-7　2019年7月以来清林径水库水温逐月变化情况

2019年外调水入库后，高锰酸盐指数有降低趋势，浓度符合Ⅰ类或Ⅱ类标准。2020年7—11月清林径水库高锰酸盐指数均值1.42mg/L，低于2019年同期的高锰酸盐指数均值2.05mg/L。2020年2月高锰酸盐指数值最高，全库均值达到2.96mg/L。取水口和库中位置的高锰酸盐指数相对较低，库尾高锰酸盐指数相对较高。见图2-9。

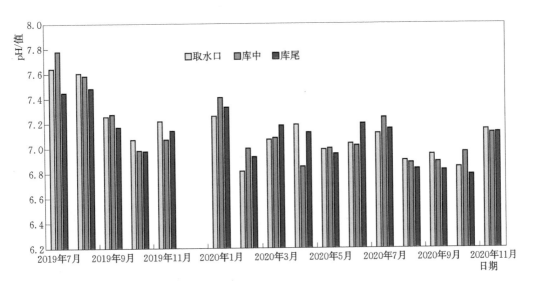

图 2-8　2019 年 7 月以来清林径水库 pH 值逐月变化情况

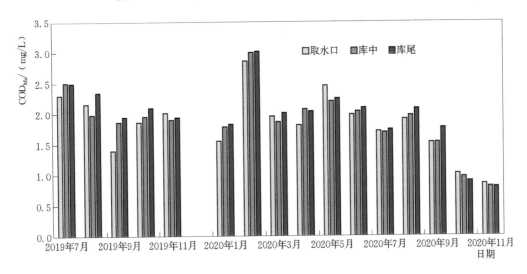

图 2-9　2019 年 7 月以来清林径水库高锰酸盐指数逐月变化情况

氨氮浓度在调水前后没有明显规律性变化。2020 年 10 月和 11 月取水口位置氨氮浓度异常偏高，分别达到 0.28mg/L 和 0.23mg/L，但各时期数值都在Ⅱ类水标准限值范围内。见图 2-10。

调水前后总氮浓度没有明显规律性变化，均维持在Ⅱ类水质标准限值以内。2020 年 7—11 月总氮浓度有增加趋势。取水口和库中位置总氮浓度相对较高，库尾相对较低。见图 2-11。

2019 年外调水入库后，总磷浓度有降低趋势。大部分时间总磷浓度符合Ⅱ类水标准。取水口位置在 2020 年 1 月总磷浓度达到 0.033mg/L，符合Ⅲ类水质标准。2020 年 7—11 月总磷均值 0.01mg/L，低于 2019 年同期总磷均值 0.02mg/L。空间上没有明显的分布规律。见图 2-12。

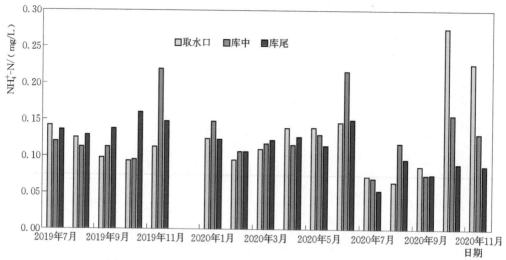

图 2-10 2019 年 7 月以来清林径水库氨氮逐月变化情况

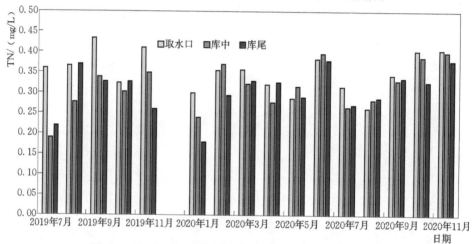

图 2-11 2019 年 7 月以来清林径水库总氮逐月变化情况

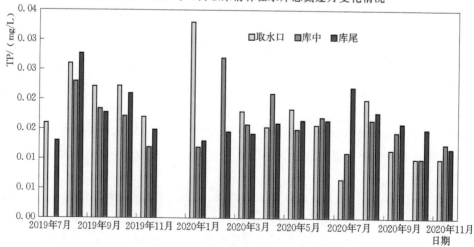

图 2-12 2019 年 7 月以来清林径水库总磷逐月变化情况

2019 年外调水入库后，水库中铁含量明显降低，均满足集中式生活饮用水地表水源地 0.3mg/L 的标准限值。2020 年 7—11 月铁含量均值 0.016mg/L，远低于 2019 年同期铁含量均值 0.157mg/L。2019 年 7—9 月，库尾铁含量相对较高；2020 年铁含量在空间上没有明显的分布规律。见图 2-13。

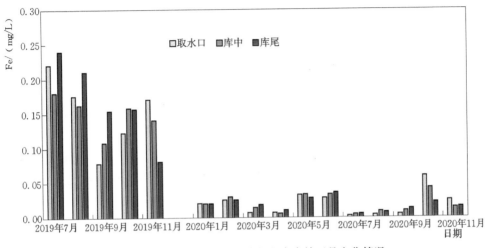

图 2-13　2019 年 7 月以来清林径水库铁逐月变化情况

第3章 ▶▶▶
水质现状调查与评价

3.1 水质调查方法

3.1.1 调查时间与采样点设置

共进行4次水环境调查，现场调查时间分别为2019年7月1—4日、2019年9月19—22日、2020年1月6—8日和2020年4月16—17日。

目前清林径水库包括清林径和黄龙湖两个库区，为了较为系统全面地摸清清林径水库水环境空间分布特征，第1次调查时采样点布设较为密集，共24个采样点，具体位置如图3-1（a）所示。清林径库区共20个采样点，其中采样点S1和S2位于清林径库区输水隧洞附近；采样点S3、S5、S9、S13位于库区中心线附近；其他采样点为库湾或近岸采样点。黄龙湖库区相对较小，自上而下在库区中心线附近设置4个采样点。

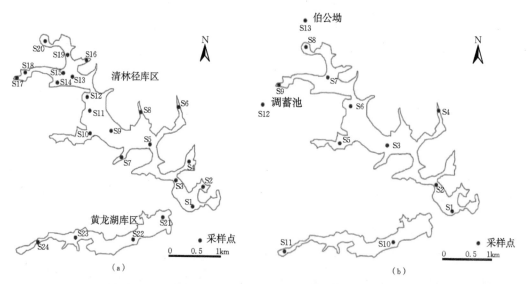

图3-1 第1次调查（a）和第2~4次调查采样点分布图（b）

在第1次调查数据的基础上，对采样点布设进行优化。第2~4次调查时，共布设13个采样点，其中清林径库区布设9个采样点，黄龙湖库区2个采样点，并增加了调蓄池、伯公坳 2 个采样点，具体位置如图 3-1（b）所示。

3.1.2 样品采集及指标检测

现场利用溶氧仪（HACH，HQ30d）测定溶解氧浓度（DO）和水温（T）；pH 计（HANNA，HI8424）测定 pH 值；萨氏盘测定透明度（SD）；测深仪（Speedtech，SM-5A）测定水深（H）。根据水深，利用有机玻璃采水器分层取水，其中水深小于 5m 仅采集表层水；水深 5～10m 分别采集表层和底层水样；水深大于 10m 分别采集表、中、底 3 个样品。水样的总氮（TN）、氨氮（$NH_4^+ - N$）、硝酸盐氮（$NO_3^- - N$）、总磷（TP）、化学需氧量（COD）、铁（Fe）和悬浮固体（SS）等常规指标按照《水和废水监测分析方法（第四版）》进行测定，叶绿素 a 浓度（Chla）采用丙酮萃取法测定。

3.1.3 富营养化状态评价方法

根据我国生态环境部印发的《地表水环境质量评价办法（试行）》，通过表层水体 Chla、SD、TN、TP、COD 等 5 个指标，利用综合营养状态指数（TLI）对清林径水库水体富营养化程度进行综合评价。TLI 计算方法具体如下：

$$TLI = \sum_{j=1}^{5} W_j \times TLI_j \qquad (3-1)$$

式中：W_j 为第 j 种参数营养状态指数的相关权重；TLI_j 为第 j 种参数的营养状态指数。

以 Chla 作为基准参数，权重 W_j 的计算方法如下：

$$W_j = \frac{r_{ij}^2}{\sum_{j=1}^{5} r_{ij}^2} \qquad (3-2)$$

式中：r_{ij} 为第 j 种参数与 Chla 的相关系数。

各项目营养状态指数的计算方法如下：

$$TLI_{Chla} = 10 \times (2.5 + 1.086 \ln chla) \qquad (3-3)$$

$$TLI_{TP} = 10 \times (9.436 + 1.624 \ln TP) \qquad (3-4)$$

$$TLI_{TN} = 10 \times (5.453 + 1.694 \ln TN) \qquad (3-5)$$

$$TLI_{SD} = 10 \times (5.118 - 1.94 \ln SD) \qquad (3-6)$$

$$TLI_{COD} = 10 \times (0.109 + 2.661 \ln COD) \qquad (3-7)$$

采用 0～100 续数字对湖泊营养状态进行分级，共分为 5 个等级，分别为贫营养、中营养、轻度富营养、中度富营养、重度富营养，具体等级划分如表 3-1 所示。

表 3-1　　　　　　　　　　营养状态指数等级划分

等级	贫营养	中营养	轻度富营养	中度富营养	重度富营养
TLI	<30	30～50	50～60	60～70	>70

3.2 水质调查结果

3.2.1 第1次水质调查结果

清林径水库为集中式生活饮用水水源地保护区，应执行（GB 3838—2002）《地表水环境质量》中Ⅱ类标准。根据表层水各水质指标的检测结果（表3-2）：$NH_4^+ - N$、$NO_3^- - N$和COD浓度较低，所有采样点均符合Ⅰ类水标准或饮用水水源地要求；TP浓度变化范围为0.002～0.041mg/L，平均值为0.018mg/L，整体符合Ⅱ类水标准，但S17、S19、S24 3个采样点符合Ⅲ类水标准；TN浓度平均值为0.7mg/L，整体符合Ⅲ类水标准，最高浓度出现在S20，符合Ⅴ类水标准；Fe浓度平均值为0.260mg/L，整体上符合饮用水水源地要求，但S6、S12、S14～S15、S17～S21等9个采样点Fe浓度高于标准限值。可见主要污染物为TN和Fe，超标的采样点分别占采样点总数的58%和33%。

通过单因子评价方法，根据（GB3838—2002）《地表水环境质量》对各采样点水质类别进行划分。所有采样点中符合Ⅱ类水标准的有10个，占采样点总数的42%；符合Ⅲ类水标准的有10个，占42%；符合Ⅳ类水标准的有3个，占12%；符合Ⅴ类水标准的有1个，占4%。

表3-2　　　　　　　　　　第1次调查各采样点主要水质指标

采样点	T/℃	pH值	SD/m	DO/(mg/L)	SS/(mg/L)	TP/(mg/L)	TN/(mg/L)	$NO_3^- N$/(mg/L)	$NH_4^+ - N$/(mg/L)	COD/(mg/L)	Chla/(μg/L)	Fe/(mg/L)	水质类别
S1	31.6	8.01	0.8	7.80	13	0.018	0.5	0.03	0.095	ND	1.40	0.048	Ⅱ
S2	31.8	7.90	0.9	7.90	10	0.013	0.6	0.03	0.102	0.4	1.84	0.045	Ⅲ
S3	32.4	7.72	0.5	7.90	12	0.010	0.5	0.00	0.096	0.4	1.53	0.038	Ⅱ
S4	33.5	7.47	0.9	8.06	9	0.016	0.5	0.03	0.098	0.2	2.12	0.071	Ⅱ
S5	32.0	8.17	0.9	8.34	8	0.017	0.4	0.02	0.089	ND	1.95	0.089	Ⅱ
S6	33.8	7.12	0.2	6.65	74	0.002	0.3	0.06	0.120	1.8	1.63	0.646	Ⅱ
S7	33.2	7.67	1.1	7.99	9	0.025	0.5	0.02	0.076	2.5	2.44	0.126	Ⅲ
S8	32.0	7.65	0.9	8.80	10	0.013	0.8	0.04	0.072	ND	2.95	0.097	Ⅲ
S9	33.4	7.80	1.2	8.12	6	0.018	0.4	0.04	0.067	1.6	1.50	0.133	Ⅱ
S10	33.0	7.56	1.2	8.38	6	0.013	0.2	0.03	0.067	1.3	2.08	0.112	Ⅱ
S11	32.7	7.45	1.2	8.24	7	0.017	0.4	0.03	0.090	4.1	2.46	0.143	Ⅱ
S12	32.1	7.46	1.0	7.08	10	0.020	1.3	0.04	0.067	2.0	3.32	0.423	Ⅳ
S13	32.1	7.47	1.0	7.50	9	0.021	0.5	0.04	0.065	5.6	2.60	0.278	Ⅱ
S14	32.2	7.03	0.6	6.03	17	0.022	1.0	0.07	0.065	5.9	3.84	0.510	Ⅲ
S15	32.4	7.38	0.9	7.60	11	0.017	0.4	0.05	0.065	5.0	2.61	0.378	Ⅱ
S16	32.2	7.48	0.9	7.67	10	0.020	0.6	0.04	0.072	4.9	2.57	0.212	Ⅲ
S17	32.6	6.81	0.7	3.81	13	0.041	0.9	0.07	0.064	6.1	3.11	0.771	Ⅲ
S18	32.7	7.29	0.7	5.96	16	0.021	1.0	0.08	0.066	4.9	3.49	0.492	Ⅲ
S19	32.7	7.35	0.7	6.83	16	0.026	0.9	0.08	0.064	4.6	2.49	0.446	Ⅲ

续表

采样点	T/℃	pH 值	SD/m	DO/(mg/L)	SS/(mg/L)	TP/(mg/L)	TN/(mg/L)	NO₃⁻ N/(mg/L)	NH₄⁺ - N/(mg/L)	COD/(mg/L)	Chla/(μg/L)	Fe/(mg/L)	水质类别
S20	33.1	7.00	0.7	5.59	15	0.024	1.6	0.11	0.097	7.0	2.72	0.537	V
S21	32.2	7.62	0.9	7.78	8	0.009	1.1	0.07	0.129	1.0	1.95	0.119	IV
S22	32.1	7.78	1.2	7.51	8	0.014	1.0	0.04	0.129	0.8	4.12	0.124	III
S23	32.6	7.41	1.3	7.56	7	0.009	1.2	0.06	0.125	2.4	3.80	0.142	IV
S24	32.7	7.52	1.2	7.60	9	0.026	0.7	0.04	0.111	1.5	2.05	0.270	III
平均值	32.5	7.51	0.9	7.36	13	0.018	0.7	0.05	0.087	3.0	2.52	0.260	

注 ND 表示低于检出下限。

　　本次调查中 S1、S3、S4、S5、S10、S11、S12、S23 8 个采样点水深在 5~10m 范围内，分别采集表层和底层水样；S2、S21、S22 3 个采样点水深大于 10m，分别采集表、中、底层水样。不同水层主要水质指标垂向分布及差异性分析结果如图 3-2 所示。总

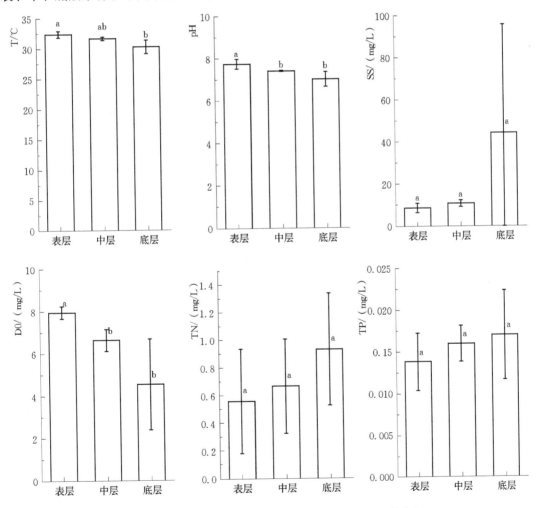

图 3-2　第 1 次调查不同水层各水质指标垂向分布及差异性分析（一）

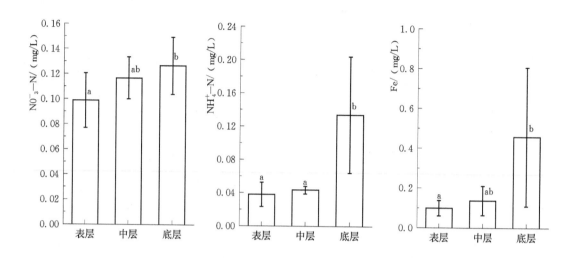

图 3-2　第 1 次调查不同水层各水质指标垂向分布及差异性分析（二）

体来看，各采样点 T、pH 值和 DO 均表现为表层＞中层＞底层，SS、TP、TN、NH_4^+-N、NO_3^--N 和 Fe 浓度则表现为表层＜中层＜底层，均符合一般规律。从差异性分析来看，营养盐指标 TN 和 TP 在垂向上无显著性差异（$P>0.05$）；NH_4^+-N 和 NO_3^--N 虽然存在显著性差异（$P<0.05$），但均符合Ⅱ类水标准。底层水体 Fe 浓度显著高于表层和中层水体（$P<0.05$），说明水体中的 Fe 可能与沉积物的释放有关。

根据表层水体 Chla、SD、TN、TP、COD 5 个指标，计算各采样点综合营养状态指数 TLI，其变化范围为 15.52～41.43，平均值为 30.98，整体为贫营养到中营养状态，其空间分布如图 3-3 所示。其中最低值出现在最下游采样点 S1，最高值出现在最上游采样点 S20。总体来看，库区下游富营养化程度稍低于上游。

3.2.2　第 2 次水质调查结果

根据各采样点表层水检测结果（表 3-3），NO_3^--N、NH_4^+-N、TN、COD 浓度较低，所有采样点均符合Ⅱ类水标准或饮用水水源地要求。13 个采样点中有 12 个采样点表层水体中 TP 浓度小于 0.010mg/L，符合Ⅰ类水标准；仅采样点 S8 TP 浓度为 0.040mg/L，劣于Ⅱ类水标准。所有采样点中有 9 个采样点 Fe 浓度小于 0.3mg/L，符合集中式生活饮用水地表水源地要求，采样点 S8～S9 和 S12～S13 Fe 浓度范围为 0.308～1.550mg/L，不符合水源地要求。可见主要污染物为 Fe，超标的采样点占采样点总数的 31%。

通过单因子评价方法，根据（GB 3838—2002）《地表水环境质量》Ⅱ类标准，对各采样点水质类别进行划分。所有采样点中符合Ⅰ类水标准的有 1 个，占采样点总数的 8%；符合Ⅱ类水标准的有 11 个，占 84%；符合Ⅲ类水标准的有 1 个，占 8%。

24

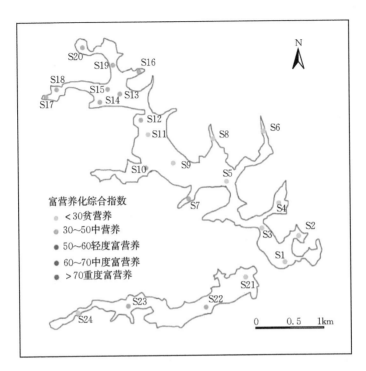

图3-3 第1次调查清林径水库综合营养状态指数分布

表3-3 第2次调查各采样点主要水质指标

采样点	T/℃	pH	SD/m	DO/(mg/L)	SS/(mg/L)	TP/(mg/L)	TN/(mg/L)	$NO_3^- -N/$(mg/L)	$NH_4^+ -N/$(mg/L)	COD/(mg/L)	Chla/(μg/L)	Fe/(mg/L)	水质类别
S1	31.2	8.03	2.1	8.10	3	<0.010	0.45	0.177	<0.01	10.1	3.33	0.065	II
S2	31.5	7.63	1.8	7.81	4	<0.010	0.26	0.168	<0.01	8.6	2.18	0.109	II
S3	31.2	7.59	1.9	7.84	3	<0.010	0.17	0.127	0.01	10.3	3.85	0.132	I
S4	31.5	7.24	1.2	6.73	8	<0.010	0.29	0.067	0.06	9.9	3.27	0.261	II
S5	31.5	7.24	1.9	7.11	3	<0.010	0.23	0.096	0.02	10.7	2.52	0.172	II
S6	31.4	7.36	1.5	7.28	4	<0.010	0.28	0.099	0.12	10.4	3.11	0.139	II
S7	31.4	7.22	1.2	6.25	7	0.013	0.45	0.077	0.05	10.7	4.31	0.208	II
S8	31.9	7.43	0.7	6.65	10	0.04	0.35	0.102	0.08	11.2	4.77	0.308	III
S9	31.1	7.06	0.5	6.73	28	<0.010	0.27	0.038	0.12	10	9.92	3.300	II
S10	32.9	7.45	2	6.75	3	<0.010	0.27	0.072	0.03	10.2	1.02	0.19	II
S11	32.8	7.01	1.5	6.51	4	<0.010	0.24	0.049	0.04	10.9	3.37	0.213	II
S12	32.7	7.81	0.5	9.34	21	<0.010	0.47	0.094	0.15	7.8	8.81	1.550	II
S13	32.7	7.42	ND	7.60	29	<0.010	0.43	0.091	0.13	8.7	3.04	1.224	II
平均值	31.8	7.42	1.4	7.28	10	<0.010	0.32	0.097	<0.064	10.0	4.12	0.605	

本次调查中 S1、S5～S7、S11 5 个采样点水深在 5～10m 范围内，分别采集表层和底层水样；S2、S3、S10 3 个采样点水深大于 10m，分别采集表、中、底层水样。不同水层主要水质指标的差异性分析结果如图 3-4 所示，其中低于检出下限的按检出下限计算。总体来看，各采样点 T、pH 值和 DO 均表现为表层＞中层＞底层，中层和底层之间无显著性差异（$P>0.05$），但明显低于表层水体（$P<0.05$）。TP、TN、$NO_3^- - N$、SS 和 COD 在各层水体之间无显著差异（$P>0.05$），基本表现为底层＞表层＞中层。$NH_4^+ - N$ 和 Fe 表现为表层和中层之间无显著差异（$P>0.05$），但显著小于底层（$P<0.05$）。

根据表层水体 Chla、SD、TN、TP、COD 5 个指标，计算各采样点综合营养状态指数 TLI，具体结果如图 3-5 所示。其中采样点 S13（伯公坳）由于现场条件限制未测量透明度，因此未计算 TLI。各采样点综合营养状态指数变化范围为 26.55～49.53，平均值为 39.42，整体为中营养状态。其中最低值出现在黄龙湖库区中游（S10），最高值出现在清林径库区最上游（S9）。从清林径库区整体来看，下游富营养化程度稍低于上游。

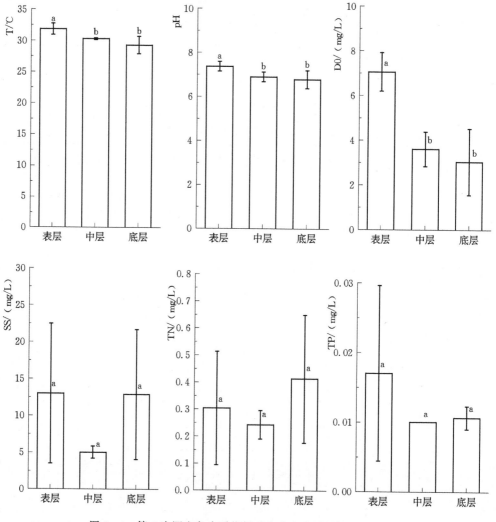

图 3-4　第 2 次调查各水质指标垂向分布及差异性分析（一）

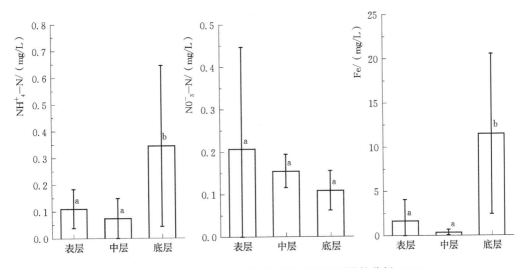

图 3-4　第 2 次调查各水质指标垂向分布及差异性分析（二）

图 3-5　第 2 次调查清林径水库综合营养状态指数分布

3.2.3　第 3 次水质调查结果

本次调查期间，清林径库区水位下降 1.41m，采样点伯公坳基本干涸，未进行采样。根据各采样点表层水检测结果（表 3-4），$NO_3^- - N$、$NH_4^+ - N$、COD 浓度较低，所有采样点均符合Ⅱ类水标准或饮用水水源地要求。所有采样点中仅 S12 TP 浓度为 0.044mg/L，符合Ⅲ类水标准，其他 11 个采样点均符合Ⅰ类或Ⅱ水标准。各采样点 TN

浓度变化范围为 0.23～0.58mg/L，平均值为 0.40mg/L，整体符合Ⅱ类水标准，仅采样点 S9 和 S12 符合Ⅲ类水标准。各采样点 Fe 浓度的变化范围为 0.020～0.310mg/L，平均值为0.172mg/L，整体满足集中式饮用水水源地要求，仅采样点 S1 和 S5 不满足要求。总体来看，主要超标污染物为 TN 和 Fe，超标采样点个数占总个数的比例均为 17%。

通过单因子评价方法，根据（GB 3838—2002）《地表水环境质量标准》对各采样点水质类别进行划分。所有采样点中符合Ⅱ类水标准的有 10 个，占采样点总数的 83%；符合Ⅲ类水标准的有 2 个，占采样点总数的 17%。

表 3-4　　　　　　　　　　　　第 3 次调查各采样点主要水质指标

采样点	T/℃	pH	SD/m	DO/(mg/L)	SS/(mg/L)	TP/(mg/L)	TN/(mg/L)	NO₃⁻-N/(mg/L)	NH₄⁺-N/(mg/L)	COD/(mg/L)	Chla/(μg/L)	Fe/(mg/L)	水质类别
S1	20.8	7.53	1.6	7.87	4	0.012	0.23	0.108	0.03	4.5	4.09	0.310	Ⅱ
S2	20.5	7.64	1.7	8.12	4	<0.010	0.28	0.138	0.13	5.5	2.49	0.224	Ⅱ
S3	21.5	7.54	1.6	7.86	4	<0.010	0.31	0.103	0.15	12.2	2.76	0.109	Ⅱ
S4	21.1	7.18	0.9	7.26	10	0.010	0.31	0.144	0.11	5.3	4.32	0.266	Ⅱ
S5	1.3	7.20	1.3	7.74	8	<0.010	0.28	0.118	0.1	5.5	5.48	0.305	Ⅱ
S6	20.8	7.25	1.6	7.54	5	0.010	0.35	0.162	0.11	6.0	5.93	0.124	Ⅱ
S7	20.8	7.29	1.4	7.82	6	<0.010	0.42	0.171	0.20	6.4	3.91	0.125	Ⅱ
S8	21.2	7.31	1.4	7.92	5	0.019	0.48	0.146	0.19	9.8	4.80	0.135	Ⅱ
S9	21.3	7.44	1.2	7.72	7	<0.010	0.58	0.153	0.17	9.4	12.62	0.193	Ⅲ
S10	21.5	7.37	1.4	7.83	5	<0.010	0.48	0.121	0.23	5.8	2.31	0.020	Ⅱ
S11	22.8	7.23	1.0	8.63	7	0.010	0.47	0.159	0.21	7.0	5.51	0.152	Ⅱ
S12	25.1	8.95	0.7	10.35	13	0.044	0.57	0.154	0.11	12.9	8.24	0.097	Ⅲ
平均值	19.9	7.49	1.3	8.06	6.5	<0.013	0.40	0.140	0.15	7.5	5.20	0.172	

本次调查中 S1、S3、S5～S7、S11 6 个采样点水深在 5～10m 范围内，分别采集表层和底层水样；采样点 S2 和 S10 水深大于 10m，分别采集表、中、底层水样。不同水层主要水质指标的差异性分析结果如图 3-6 所示，其中低于检出下限的按检出下限计算。总体来看，温度、pH 值在垂向上没有明显差异；表层水体 DO 浓度显著高于中层和底层水体。各营养盐指标中，TN、TP、COD 和 NO_3^--N 在垂向上表现为中层低于表层和底层，但各层水体之间无显著性差异。NH_4^+-N 和 Fe 表现为表层和中层之间无显著差异（$P>0.05$），但显著小于底层（$P<0.05$）。

根据表层水体 Chla、SD、TN、TP、COD 5 个指标，计算各采样点综合营养状态指数 TLI，具体结果如图 3-7 所示。各采样点 TLI 变化范围为 35.78～53.50，平均值为43.06，整体为中营养状态。其中最低值出现在黄龙湖库区中游（S10），最高值出现在清林径库区最上游（S9）。从清林径库区整体来看，下游富营养化程度稍低于上游。

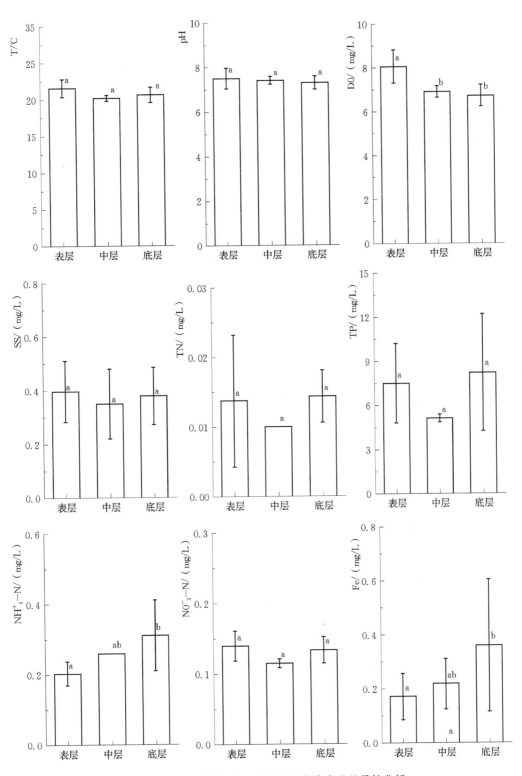

图 3-6　第3次调查各水质指标垂向分布及差异性分析

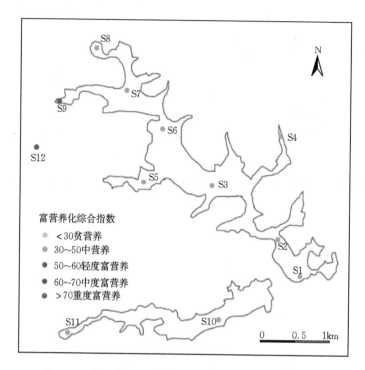

图 3-7 第 3 次调查清林径水库综合营养状态指数分布

3.2.4 第 4 次水质调查结果

根据各采样点表层水检测结果（表 3-5），TN、$NO_3^- - N$、$NH_4^+ - N$ 浓度较低，所有采样点均符合 Ⅱ 类水标准或饮用水水源地要求。清林径库区和黄龙湖库区的 11 个采样点 TP 浓度均符合 Ⅱ 类水标准，调蓄池和伯公坳 TP 浓度较高，符合 Ⅳ 类水标准。清林径中、下游采样点 S1～S7，COD 浓度较低，基本符合 Ⅱ 类水标准；采样点 S8～S13 表层水体中 COD 浓度非常高，劣于 Ⅴ 类水标准。此次现场调查中采样点 S8～S9 为清林径库区最上游，采样点 S10～S11 为黄龙湖库区滨岸带，采样点 S12～S13 为调节池和伯公坳滨岸带，采样点水深均不足 0.5m，水质受底部沉积物及滨岸带水土流失等的影响较大，这可能是采样点 S8～S13 水体中 COD 明显偏高的主要原因。所有采样点 Fe 均符合饮用水水源地要求，仅采样点 S9 和 S13 浓度相对较高。此外清林径库区上游 S8、调蓄池 S12 和伯公坳 S13 叶绿素 a 浓度均超过水体富营养化阈值（$10\mu g/L$）。总体来看，清林径库区水质基本符合 Ⅱ 类水标准，上游及滨岸带水域 COD 浓度较高。

通过单因子评价方法，根据（GB 3838—2002）《地表水环境质量标准》对各采样点水质类别进行划分。所有采样点中符合 Ⅱ 类水标准的有 6 个，占采样点总数的 46%；符合 Ⅲ 类水标准的有 1 个，占 8%；劣于 Ⅴ 类水标准的有 6 个，占 46%。

根据表层水体 Chla、SD、TN、TP、COD 5 个指标，计算各采样点综合营养状态指数 TLI，具体结果如图 3-8 所示。由于采样点 S8～S13 采样环境与其他采样点差异较大，未纳入 TLI 计算和分析。采样点 S1～S7 TLI 变化范围为 55.48～75.64，平均值为 63.49，整体为中度富营养状态。其中采样点 S5 和 S7 为轻度富营养状态，S1、S3、S4 和 S6 为中度富营养状态，S2 为重度富营养状态。

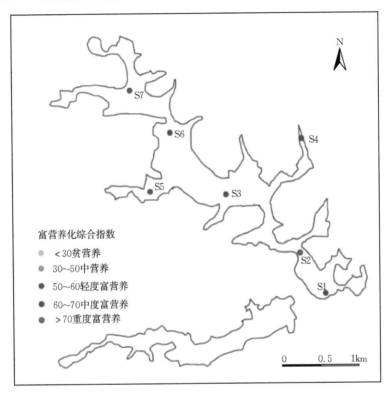

图 3-8　第 4 次调查清林径水库综合营养状态指数分布图

表 3-5　　　　　　　　　　第 4 次调查各采样点主要水质指标

采样点	T/℃	pH	SD/m	DO/(mg/L)	SS/(mg/L)	TP/(mg/L)	TN/(mg/L)	$NO_3^- N$/(mg/L)	$NH_4^+ - N$/(mg/L)	COD/(mg/L)	Chla/(μg/L)	Fe/(mg/L)	水质类别
S1	20	6.83	1.15	8.21	<4	0.013	0.38	0.187	0.105	10	4.0	0.007	II
S2	20	7.15	1.18	7.92	<4	<0.010	0.34	0.206	0.095	18	3.0	0.008	III
S3	21	7.24	1.33	7.81	<4	0.012	0.32	0.197	0.095	13	3.0	0.007	II
S4	21	7.14	1.27	8.45	<4	0.011	0.29	0.153	0.110	11	4.0	0.008	II
S5	21	7.26	1.41	8.39	<4	0.012	0.29	0.147	0.110	8	4.0	0.004	II
S6	21	7.08	1.45	8.26	<4	0.012	0.31	0.153	0.100	12	4.0	0.007	II
S7	20	7.32	1.37	8.13	7	0.017	0.27	0.149	0.100	8	5.0	0.009	II
S8	20	7.12	0.61	8.21	29	0.022	0.38	0.115	0.242	108	12.7	0.024	劣V
S9	21	7.16	0.85	7.57	23	0.021	0.40	0.086	0.254	85	2.0	0.238	劣V
S10	20	7.29	1.10	8.12	22	<0.010	0.28	0.120	0.120	92	2.3	0.009	劣V
S11	20	7.14	0.74	8.10	30	0.016	0.47	0.112	0.231	92	5.5	0.064	劣V
S12	21	8.31	0.43	8.36	225	0.055	0.42	0.082	0.219	100	45.0	0.015	劣V
S13	21	7.87	0.05	7.14	23	0.081	0.46	0.089	0.237	102	16.2	0.142	劣V
平均值	20.5	7.30	1.00	8.05	29.5	0.022	0.35	0.138	0.155	50.7	8.5	0.042	

3.3 季节变化特征

3.3.1 基本理化指标的季节变化特征

如图 3-9 所示，2019 年 7 月 1 日清林径库区水位为 54.47m，随后 8 月 6—30 日自东江取水共 291 万 m³，2019 年 9 月 22 日水位上涨至 58.62m。随着水量耗散及取用，清林径库区水位逐渐下降，2020 年 4 月 16 日水位下降至 56.19m。随着季节变化，2019 年两次雨季调查过程中平均水温分别为 32.56℃ 和 31.69℃，两次旱季平均水温分别为 19.89℃和 20.54℃，雨季水温显著高于旱季。4 次调查过程中水体 pH 值总体呈下降趋势，但无显著性差异，其平均值的变化范围为 7.30～7.51。水体透明度呈现先增加后减小的变化趋势，其平均值的变化范围为 0.90～1.32m，冬季（2020 年 1 月 6 日）水体透明度显著高于夏季（2019 年 7 月 1 日）。

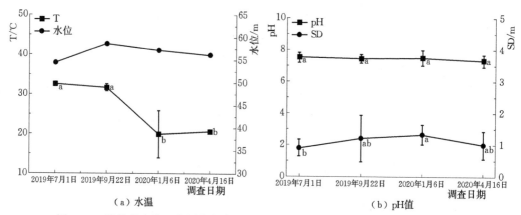

图 3-9　清林径水库 4 次调查中水温、水位（a）和 pH 值、透明度（b）的变化

3.3.2 水体氮、磷污染特征及季节变化

4 次调查中 TN 浓度变化范围为 0.17～1.60mg/L，平均值为 0.51mg/L，总体上劣于地表水Ⅱ类标准（0.5mg/L），超标采样点所占比例为 33.33%。TP 浓度变化范围为 0.002～0.081mg/L，平均值为 0.017mg/L，总体上符合地表水Ⅱ类标准（0.025mg/L），超标采样点所占比例为 27%。$NO_3^- - N$ 浓度变化范围为 0.01～0.21mg/L，平均值为 0.09mg/L，符合集中式生活饮用水地表水源地要求。$NH_4^+ - N$ 浓度变化范围为 0.01～0.25mg/L，平均值为 0.11mg/L，符合地表水Ⅱ类标准（0.5mg/L）。TN/TP 比值的变化范围为 5.68～150.00，平均值为 36.34，总体上表现为磷限制。

根据 4 次调查结果，TP 浓度总体呈上升趋势，但无显著性差异（图 3-10）。2019 年 9 月 TN 浓度较 2019 年 7 月有显著性下降，$NO_3^- - N$ 则显著性上升。根据资料，2019 年 8 月 5 日东江水源工程东江取水口 TP、TN、$NO_3^- - N$、$NH_4^+ - N$ 的浓度分别为 0.017mg/L、1.53mg/L、1.21mg/L 和 0.03mg/L，分别是 2019 年 7 月清林径水库相应水质指标浓度的 0.94 倍、2.10 倍、25.74 倍和 0.34 倍。推测 2019 年 9 清林径水库 $NO_3^- - N$ 浓度的显著性升高可能与 8 月份东江来水有关。

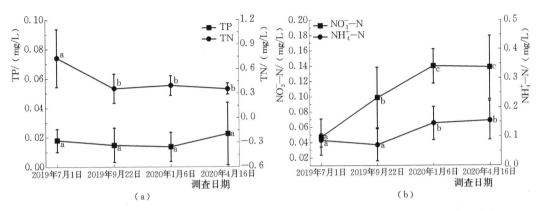

图 3-10 清林径水库 4 次调查中 TP、TN (a) 和 $NO_3^- - N$、$NH_4^+ - N$ (b) 浓度的变化

氮是清林径水库最主要的污染物,这里将进一步讨论清林径水体氮污染特征。水体中可溶性无机氮 (DIN) 一般包括 $NO_3^- - N$、$NO_2^- - N$ 和 $NH_4^+ - N$,其中 $NO_2^- - N$ 是氮循环过程的中间产物,在富氧条件下不能稳定存在。库区表层水体中 $NO_2^- - N$ 含量一般低于 0.01mg/L,因此这里仅用 $NO_3^- - N$ 和 $NH_4^+ - N$ 代表 DIN。各采样点 DIN 占 TN 的比例为 8%~96%,平均值为 51%,4 次调查结果存在显著性差异(图 3-11)。2019 年 7 月清林径水库 DIN/TN 平均值为 22%,可以认为此时清林径水库水体中氮污染以有机氮为主。考虑到 2020 年 7 月表层水体溶解氧含量较高(7.51 ± 0.32mg/L),推测清林径水库近期受到有机氮污染,还未转化为无机氮。随后的 3 次调查中,DIN/TN 显著性增高,说明水体正在发挥自净作用,将有机氮转化成无机氮,供浮游植物生长所需。

3.3.3 水体 COD 和 Fe 浓度季节变化特征

清林径水库水体 COD 浓度在 4 次调查中的平均值分别为 2.68mg/L、10.00mg/L、7.53mg/L 和 50.69mg/L,整体呈上升趋势,其中 2020 年 4 月表现出显著性增长(图 3-12)。主要原因为第 4 次调查中采样点 S8~S11 位于清林径库区最上游和黄龙湖库区滨岸带,与前 3 次采样点环境差异较大。在不考虑采样点 S8~S11 的情况下,4 次调查中 COD 的平均值分别为 2.25mg/L、10.00mg/L、6.49mg/L 和 11.43mg/L,整体呈上升趋势,但 2020 年 4 月与 2019 年 9 月 COD 浓度无显著性差异。

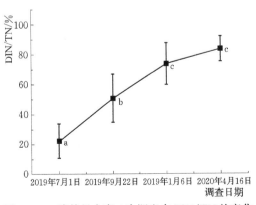

图 3-11 清林径水库 4 次调查中 DIN/TN 的变化

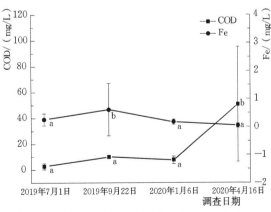

图 3-12 清林径水库 4 次调查中 COD 和 Fe 的变化

清林径水库水体 Fe 浓度在 4 次调查中的平均值分别为 0.26mg/L、0.61mg/L、0.17mg/L 和 0.04mg/L，整体呈下降趋势。其中 2019 年 9 月 Fe 浓度较 2019 年 7 月有显著性升高，这可能与 8 月份东江来水 Fe 浓度（0.47mg/L）较高有关。

3.3.4 水体叶绿素 a 和综合营养状态指数的季节变化特征

清林径水库表层水体中 Chla 浓度在 4 次调查中的平均值分别为 2.52μg/L、4.12μg/L、5.21μg/L 和 8.52μg/L，呈上升趋势（图 3-13）。其中 2020 年 4 月清林径库区上游（S8）、调蓄池（S12）和伯公坳（S13）Chla 浓度均高于水华临界值（10μg/L），较 2019 年 7 月和 9 月表现为显著性增长。在不考虑 S8～S13 的情况下，清林径库区中下游 Chla 浓度整体仍呈上升趋势，其中 2020 年 4 月 Chla 浓度较 2019 年 7 月表现为显著性增长。

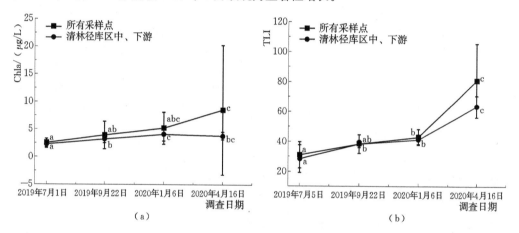

图 3-13 清林径水库与清林径库区中、下游叶绿素 a 季节变化

综合营养状态指数 TLI 在 4 次调查中的平均值分别为 30.98、38.39、43.6 和 80.53，分别对应贫营养、中营养、中营养和重度富营养状态，4 次调查结果之间存在显著性差异，整体呈上升趋势（图 3-13）。2020 年 4 月采样点 S8～S13 综合营养状态指数的变化范围为 100.12～110.96，明显大于其他采样点（52.81～68.92），说明库区上游及滨岸带水域水体富营养化严重。在不考虑采样点 S8～S13 的情况下，4 次调查中清林径库区中下游水体综合营养状态指数的平均值分别为 28.42、38.25、41.13 和 63.49，分别对应贫营养、中营养、中营养和中度富营养状态，4 次调查结果之间存在显著性差异，整体呈上升趋势，与清林径水库整体的变化趋势相一致。

清林径水库部分采样点表层水体 Chla 浓度已高于水华阈值，根据综合营养状态指数，2020 年 4 月水库整体为富营养状态。为了明晰影响水库藻类生物量及营养状态指数的主要环境因素，对主要水质指标进行了皮尔逊相关性分析，具体结果如表 3-6 所示。Chla 与 T 显著负相关，与 TP 显著正相关，进一步说明清林径水库中磷是限制性元素。Chla 与 TN 相关性不显著，与 $NH_4^+ - N$ 极显著正相关，说明清林径水库中的浮游植物主要利用的氮源为 $NH_4^+ - N$。Chla 与 COD 极显著正相关，推测有机质污染可能导致浮游植物大量增长。综合营养状态指数与主要水质指标的相关性和 Chla 类似，其中 TLI 与 COD 极显著正相关，且相关系数高达 0.92，说明有机质污染是导致清林径水库富营养化最主要的因素。

表 3-6　　　　　清林径水库 Chla 和 TLI 与主要水质指标相关性分析

相关系数	T	pH	DO	TP	TN	$NO_3^- - N$	$NH_4^+ - N$	COD	Fe
Chla	−0.29*	0.29*	—	0.51**	—	—	0.36**	0.57**	—
TLI	−0.56**	—	—	0.38**	—	—	0.46**	0.92**	—

注　*表示显著相关（$P < 0.05$），**表示极显著相关（$P < 0.01$）。

3.4　本章小结

（1）综合 4 次水质调查结果，清林径水库主要超标污染物为 TP、TN、Fe 和 COD。其中 TN 浓度变化范围为 0.17～1.60mg/L，平均值为 0.51mg/L，整体上劣于地表水 Ⅱ 类标准，超标采样点所占比例为 33.33%。TP 浓度变化范围为 0.002～0.081mg/L，平均值为 0.017mg/L，总体上符合地表水 Ⅱ 类标准，超标采样点所占比例为 26.98%。Fe 浓度变化范围为 0.004～8.325mg/L，平均值为 0.398mg/L，总体上不符合水源地标准，超标采样点所占比例为 23.81%。COD 浓度变化范围为 0.10～108.00mg/L，平均值为 15.07mg/L，总体上劣于地表水 Ⅱ 类标准，超标采样点所占比例为 11.11%。

（2）2019 年 7 月至 2020 年 4 月，水体 Chla 浓度和 TLI 均显著升高，有明显富营养化趋势。其中水体 Chla 浓度增加了 2.37 倍，综合营养状态指数升高了 1.61 倍，营养状态由贫-中营养状态转变为中度富营养状态，部分采样点 Chla 浓度超过水华阈值或达到重度富营养状态。

（3）水体 TP、$NH_4^+ - N$、COD 均与 Chla 和 TLI 极显著正相关，是水体富营养化主要影响因子。

第4章 ▶▶▶
沉积物质量现状调查与评价

4.1 沉积物质量调查方法

4.1.1 调查时间和采样点设置

共进行 3 次沉积物调查，调查时间分别为 2019 年 7 月 1 日至 4 日、2019 年 9 月 19 日至 9 月 22 日、2020 年 1 月 6 日至 1 月 8 日。沉积物现场调查与水质现场调查同步进行，采样点设置相一致，具体位置如图 3－1 所示。

4.1.2 样品采集及指标检测

利用彼得森采泥器采集表层（0～5cm）沉积物样品，现场混匀后装人聚乙烯自封袋，用保温箱低温保存，运回实验室。样品自然风干后粉碎研磨，过 100 目尼龙筛备用。沉积物 TOC、TN、TP 分别采用重铬酸钾容量法、半微量凯氏法和 SMT 法测定。

4.1.3 沉积物污染状态评价方法

针对沉积物中营养盐污染状况，我国尚无统一的评价标准。目前常用的评价方法主要包括有机指数法（包括有机氮）、污染指数法、富集系数法等。其中采用最多的是有机指数法。本章结合加拿大安大略省环境和能源部制定的沉积物环境质量评价指南以及有机指数（I_O）和有机氮（W_{ON}）评价清林径水库沉积物有机质和营养盐污染程度。具体计算方法如公式（4－1）和（4－2）所示：

$$I_O = W_{TOC} \times W_{ON} \qquad (4-1)$$
$$W_{ON} = W_{TN} \times 95\% \qquad (4-2)$$

式中 W_{TOC} 和 W_{TN} 分别为 TOC 和 TN 的质量分数，用百分比表示。具体评价标准如表 4－1 所示，其中等级 Ⅰ 表示清洁，等级 Ⅱ 表示较清洁，等级 Ⅲ 表示尚清洁，等级 Ⅳ 表示受到有机污染或有机氮污染。

表 4－1　　　　　　　　沉积物有机指数和有机氮评价标准

等级	Ⅰ	Ⅱ	Ⅲ	Ⅳ
I_O	＜0.05	0.05～0.20	0.20～0.50	≥0.50
W_{ON}	＜0.033	0.033～0.066	0.066～0.133	≥0.133

4.2 沉积物质量调查结果

4.2.1 雨季表层沉积物污染物含量

由于沉积物相对稳定，这里将 2019 年 7 月和 9 月调查结果合并分析。黄龙湖库区表层沉积物 TOC 含量的变化范围为 5920～14000mg/kg，平均值为 11430mg/kg；清林径库区表层沉积物 TOC 含量的变化范围为 4330～23500mg/kg，平均值为 11190mg/kg（图 4-1）。从空间分布来看，黄龙湖库区仅最上游采样点 S24 TOC 含量相对较低

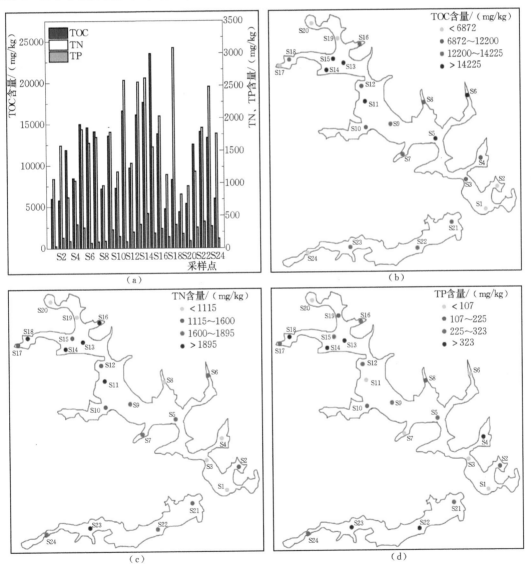

图 4-1 清林径水库雨季表层沉积物 TOC、TN、TP 含量（a）及其平面分布图（b～d）

（5920mg/kg），其他 3 个采样点 TOC 含量均较高（12500～14000mg/kg）。清林径库区 TOC 含量最高的区域位于上游东部料场附近（采样点 S13～S15，TOC 含量为 16100～ 23500mg/kg），含量较低的区域位于库区最上游（S17 和 S19，TOC 含量分别为 4740mg/ kg 和 4330mg/kg）和最下游（S1，TOC 含量为 5920mg/kg）。此外，位于库区左右岸的 采样点，其 TOC 含量（平均值为 9840mg/kg）明显低于库区中心线附近的采样点（平均 值为 14337mg/kg）。总体来看，黄龙湖库区上游表层沉积物 TOC 含量相对较低，清林径 库区则表现为近岸采样点 TOC 含量相对较低。清林径库区位于深圳市龙岗河流域，土壤 类型主要为赤红壤，表层有机质含量约为 2.38mg/kg，远低于清林径水库表层沉积物 TOC 含量；且近岸区域 TOC 浓度明显低于库区中心区域，推测水库周边水土流失并非沉 积物中有机碳的主要来源。

黄龙湖库区表层沉积物 TN 含量的变化范围为 1180～2480mg/kg，平均值为1818mg/kg； 清林径库区表层沉积物 TN 含量的变化范围为 783～3080mg/kg，平均值为 1611mg/kg。从空 间分布上看，黄龙湖库区上、下游采样点 TN 含量（1470mg/kg）低于中游采样点 （2165mg/kg）。清林径库区表层沉积物 TN 含量相对较高的采样点（S11、S13～S14、S18， 含量为 2560～3080mg/kg）多位于库区中上游右岸一侧的区域，TN 含量较低的采样点（S3、 S8、S19～S20，含量为 783～965mg/kg）多位于库区左岸一侧。通过相关性分析，清林径水 库沉积物中 TN 含量与 TOC 极显著正相关（$r=0.63$，$P<0.01$），说明沉积物中 TN 大部分 以有机氮的形式存在。

黄龙湖库区表层沉积物 TP 含量的变化范围为 144～407mg/kg，平均值为 301mg/kg；清林径库区表层沉积物 TP 含量的变化范围为 29～532mg/kg，平均值为 218mg/kg。从空间分布来看，黄龙湖库区上游 TP 含量最低（144mg/kg），其他 3 个 采样点 TP 含量相对较高（315～407mg/kg），其空间分布特征与 TOC 相一致。清林 径库区表层沉积物 TP 含量较高的采样点多位于库区上游（S13～S14、S18，TP 含量 为 363～532mg/kg），此外下游采样点 S4 总磷含量也相对较高（368mg/kg）；TP 含 量相对较低的采样点分散在库区中下游左右岸区域（S1、S6～S7、S10，TP 含量为 29～100mg/kg）。通过相关性分析，TP 含量与 TOC 之间无显著相关关系；与 TN 显 著正相关（$r=0.46$，$P<0.05$）。说明沉积物中磷和氮有一定的同源性，但磷可能主 要以无机磷的形态存在。

4.2.2 旱季表层沉积物污染物含量

黄龙湖库区表层沉积物 TOC 含量的变化范围为 5930～6160mg/kg，平均值为 6045mg/kg；清林径库区表层沉积物 TOC 含量的变化范围为 4840～23300mg/kg，平均值 为 13672mg/kg（图 4-2）。从空间分布来看，黄龙湖库区上游表层沉积物 TOC 含量稍高 于下游。清林径库区 TOC 含量最高的区域位于中上游（采样点 S5～S7，TOC 含量为 22500～23300mg/kg），TOC 含量较低的区域位于库区最下游（S1，TOC 含量为 4840mg/kg），其空间分布特征与雨季调查结果基本一致。总体来看，黄龙湖库区表层沉 积物 TOC 含量相对较低，其平均值是清林径库区的 20.78%，清林径库区则表现为下游 采样点 TOC 含量低于中上游。

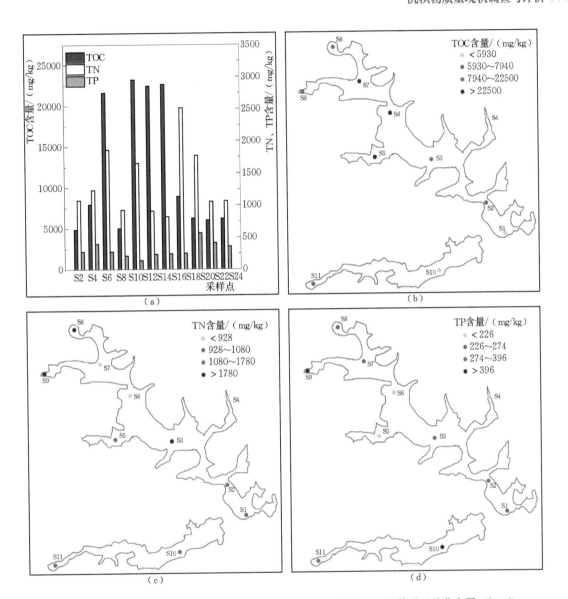

图 4-2 清林径水库旱季表层沉积物 TOC、TN、TP 含量（a）及其平面及分布图（b~d）

黄龙湖库区表层沉积物 TN 含量的变化范围为 1050~1060mg/kg，平均值为 1055mg/kg；清林径库区表层沉积物 TN 含量的变化范围为 819~2520mg/kg，平均值为 1422mg/kg。从空间分布上看，黄龙湖库区上、下游采样点 TN 含量较为接近。清林径库区表层沉积物 TN 含量相对较高的采样点（S8~S9，含量为 1780~2520mg/kg）位于库区最上游，TN 含量较低的采样点（S6~S7，含量为 819~904mg/kg）位于库区中游。

黄龙湖库区表层沉积物 TP 含量的变化范围为 356~409mg/kg，平均值为 383mg/kg；清林径库区表层沉积物 TP 含量的变化范围为 134~557mg/kg，平均值为 284mg/kg。从空间分布来看，黄龙湖库区下游 TOC 含量稍高于上游，其空间分布特征与 TOC、TN 相一致。清林径库区表层沉积物 TP 含量较高的采样点多位于库区最上游（S9，TP 含量为

557mg/kg),；TP 含量相对较低的采样点位于库区中游（S5～S6，TP 含量为 134～226mg/kg）。

4.2.3 季节变化特征

如图 4-3 所示，清林径水库雨季表层沉积物中 TOC 含量的平均值为 11230mg/kg，旱季为 12285mg/kg，增加了 21.30%。沉积物中 TN 含量的平均值在雨季为 1645mg/kg，旱季为 1356mg/kg，降低了 17.62%。沉积物中 TP 含量的平均值在雨季为 232mg/kg，旱季为 302mg/kg，增加了 29.91%。但表层沉积物中 TOC、TN、TP 含量在雨季和旱季之间无显著性差异，说明沉积物中营养盐含量相对稳定。

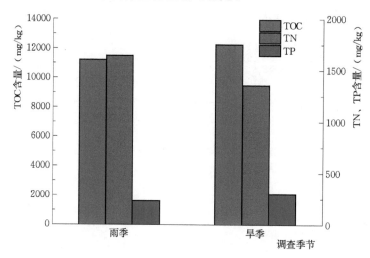

图 4-3　清林径水库表层沉积物 TOC、TN、TP 含量的季节变化

4.2.4 沉积物来源解析

沉积物 TOC/TN 比值是指示有机污染来源的重要指标。水生生物由于含有较高的蛋白质和脂类，通常 TOC/TN 比值较低，例如细菌等微生物的 TOC/TN 比值为 2～4，浮游动植物为 5～14。而挺水植物和陆生维管束植物富含纤维素和木质素，其 TOC/TN 比值通常大于 20。总体来看，TOC/TN 比值较低表示有机质主要来源于水体中的水生生物，TOC/TN 比值较高则表示主要来源于陆地植被。

雨季表层沉积物 TOC/TN 比值的变化范围为 2.69～15.20，平均值为 7.19。约 88% 的采样点 TOC/TN 比值小于 10（图 4-4），表明水体中水生生物是沉积物中有机污染的主要来源。仅采样点 S3 和 S21 的 TOC/TN 比值大于 14，表示这两个采样点可能有陆源有机质输入，但仍以水生生物有机质为主。这两个采样点均位于清林径水库扩建工程中两个料场附近，在料场开采过程中可能有部分被破坏的陆生植被进入库区，导致附近区域沉积物 TOC/TN 比值偏高。

旱季表层沉积物 TOC/TN 比值的变化范围为 3.50～27.72，平均值为 10.27。约 64% 的采样点 TOC/TN 比值小于 10（图 4-4），表明水体中水生生物是沉积物中有机污染的主要来源。仅采样点 S6 和 S7 的 TOC/TN 比值大于 14，表示这两个采样点可能有陆源有

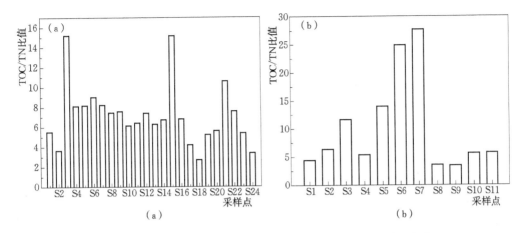

图 4-4 雨季（a）和旱季（b）表层沉积物 TOC/TN 比值的分布

机质输入，但仍以水生生物有机质为主。雨季和旱季沉积物调查结果均表明清林径表层沉积物中的有机质主要来源于水生生物。

4.3 沉积物质量评价

由于清林径库区表层沉积物 TP 含量（雨季 232mg/kg，旱季 302mg/kg）均低于加拿大安大略省环境和能源部制定的沉积物环境质量评价指南中产生生态毒性效应的阈值（600mg/kg），以及 1960 年太湖沉积物中 TP 的平均值（440mg/kg），可以认为清林径库区表层沉积物中 TP 污染程度较低，不会引起生态毒性效应。因此本文仅针对沉积物有机质及氮污染水平进行评价。

雨季清林径水库表层沉积物有机指数 I_O 的变化范围为 0.03～0.44，平均值为 0.19，总体处于较清洁水平。其中采样点 S19 和 S20 为清洁；S1～S4、S8、S10、S12、S16、S17、S21、S24 11 个采样点为较清洁，占采样点总数的 46%；S5～S7、S9、S11、S13～S15、S18、S22、S23 11 个采样点为尚清洁，占采样点总数的 46%。其空间分布如图 4-5 所示。清林径库区表层沉积物有机氮指数 W_{ON} 的变化范围为 0.07～0.29，平均值为 0.16，达到 IV 级，整体处于有机氮污染状态。其中 S1、S3、S4、S8、S10、S17、S19～S21 9 个采样点为 III 级，处于尚清洁状态，占采样点总数的 38%；其它 15 个采样点为 IV 级，处于有机氮污染状态，占采样点总数的 62%。

旱季清林径水库表层沉积物有机指数 I_O 的变化范围为 0.05～0.41，平均值为 0.17，总体处于较清洁水平。其中采样点 S4 为清洁；S1～S2、S7、S9～S11 6 个采样点为较清洁，占采样点总数的 55%；S3、S5～S6、S8 4 个采样点为尚清洁，占采样点总数的 36%；其空间分布如图 4-6 所示。清林径库区表层沉积物有机氮指数 W_{ON} 的变化范围为 0.08～0.24，平均值为 0.13，整体处于尚清洁但接近于有机氮污染状态。其中 S1～S2、S4、S6～S7、S10～S11 7 个采样点为 III 级，处于尚清洁状态，占采样点总数的 64%；其它 4 个采样点为 IV 级，处于有机氮污染状态，占采样点总数的 36%。与雨季相比，旱季营养盐污染状态稍有好转，但无显著性差异。

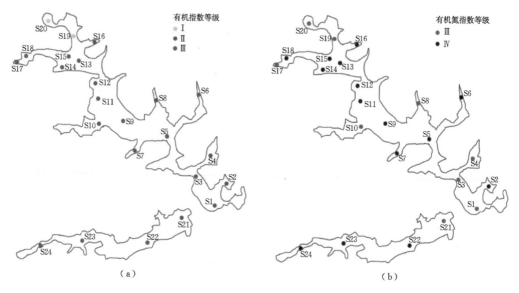

图 4-5 雨季沉积物有机指数（a）和有机氮指数（b）评价结果

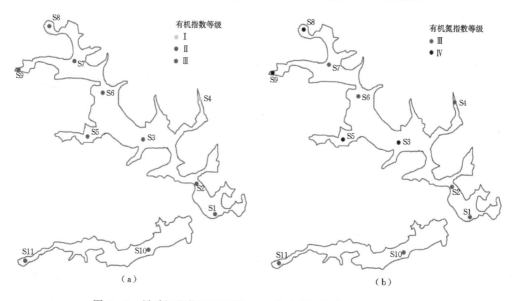

图 4-6 旱季沉积物有机指数（a）和有机氮指数（b）评价结果

4.4 本章小结

（1）清林径水库表层沉积物中 TOC、TN、TP 含量较为稳定，在旱季、雨季之间无显著性差异。

（2）整体来看，清林径水库表层沉积物中 TOC 含量变化范围为 4840～23300mg/kg，平均值为 11758mg/kg；TN 含量变化范围为 783～3080mg/kg，平均值为 1500mg/kg；TP 含量变化范围为 29～557mg/kg，平均值为 267mg/kg。

（3）来源解析结果表明，清林径水库表层沉积物有机质主要来源于浮游动植物等水生生物。

（4）根据污染状况评价结果，沉积物中总磷含量较低，无生态毒性效应；有机质整体处于较清洁状态（I_O平均值为 0.18，Ⅱ 级）；沉积物中总氮含量较高，整体处于有机氮污染状态（W_{ON}平均值为 0.16，Ⅳ 级）。

第5章 ▶▶▶
水生态现状调查与分析

5.1 水生态调查方法

5.1.1 调查时间与采样点设置

水生态调查时间为 2019 年 7 月 1—4 日，与水质现场调查同步进行，采样点设置相一致，具体位置如图 3-1 所示。

5.1.2 样品采集及检测

根据《淡水浮游生物调查技术规范》（SCT9402—2010），浮游植物定性样品使用 25 号生物网在水体表层采集，现场用 5% 甲醛溶液固定；定量样品用采水器采集 1L 表层水，现场用卢戈氏碘液固定，带回实验室进行沉淀、浓缩。浮游动物定性样品用 13 号浮游生物网在水体表层采集，定量样品用 25 号生物网过滤 20L 水样得到，现场用 5% 甲醛溶液固定，带回实验室进行沉淀、浓缩。然后依据《淡水浮游生物研究方法》、《中国淡水藻类：系统、分类及生态》等，通过显微镜对浮游动植物进行鉴定和计数。

5.1.3 数据分析

按照 Reynolds 等和 Padisaák 等提出的方法进行浮游植物功能群划分，功能群丰度通过群组内各物种丰度相加得到。浮游动、植物优势度 y_i 的计算如下：

$$y_i = f_i \times P_i \tag{5-1}$$

式中：f_i 为浮游动物种类或浮游植物功能群 i 出现频率；P_i 为种群或功能群 i 丰度占总丰度的比例。定义优势度大于 0.02 的功能群为优势功能群。

将浮游植物功能群丰度矩阵与除 pH 值外的环境因子矩阵进行 $\lg(10x+1)$ 的转换和标准化处理，利用 CANOCO5 进行去趋势对应分析（DCA 分析）。梯度长度大于 4 进行典范对应分析（CCA 分析），小于等于 4 进行冗余分析（RDA 分析）。在 CCA 或 RDA 分析前，利用蒙特卡洛置换检验，筛选出具有显著解释性的环境因子。

5.2　浮游植物调查结果

5.2.1　群落结构

本次调查共检出浮游植物 8 门 110 种（包括变种），其组成如图 5-1 所示。其中绿藻门 53 种，占种类总数的 48.18%；蓝藻门 18 种，占 16.36%；裸藻门 15 种，占 13.64%；硅藻门 13 种，占 11.82%；隐藻门、甲藻门和黄藻门各 3 种，分别占 2.73%；金藻门 2 种，占 1.82%。各采样点浮游植物细胞丰度的变化范围为 $(0.80 \sim 5.14) \times 10^6$ cell/L，平均值为 2.76×10^6 cell/L。从组成上看，蓝藻平均细胞丰度为 1.63×10^6 cell/L，占总细胞丰度的 56.12%；硅藻平均细胞丰度为 0.36×10^6 cell/L，占 14.17%；绿藻平均细胞丰度为 0.30×10^6 cell/L，占 11.63%；隐藻平均细胞丰度为 0.20×10^6 cell/L，占 7.62%；裸藻平均细胞丰度为 0.19×10^6 cell/L，占 7.48%；甲藻、金藻和黄藻的平均细胞丰度分别为 0.05×10^6、0.02×10^6 和 0.002×10^6 cell/L，分别占 2.12%、0.79% 和 0.06%。可见清林径水库夏季浮游植物种类组成以绿藻为主，细胞丰度组成以蓝藻为主。

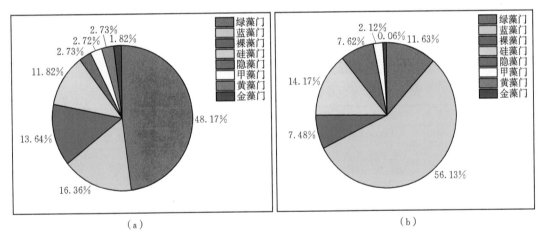

图 5-1　浮游植物种类组成（a）及细胞丰度组成（b）

5.2.2　功能群特征

本次调查鉴定的 110 种浮游植物可划分为 25 个功能群，主要代表种/属及生境特征如表 5-1 所示。各采样点浮游植物功能群个数为 10~17 个，平均每个采样点功能群个数约为 14 个（图 5-2）。各采样点浮游植物丰度的变化范围为 $(0.80 \sim 5.14) \times 10^6$ cell/L，平均值为 2.72×10^6 cell/L，低于一般水库水华暴发的阈值（10×10^6 cell/L）。从丰度组成来看，功能群 A 的丰度占浮游植物总丰度的 60.30%；功能群 TD、TB、G 和 Ws 在定量样品中未检出。通过优势度的计算，共有 7 个优势功能群，其中功能群 A 优势度最高，约为 0.587，占据绝对优势；功能群 J、Y、W2、Lo、MP、S1 优势度的变化范围为 0.028~0.064。

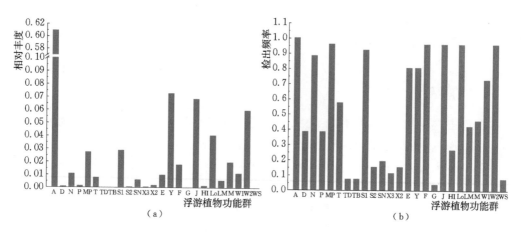

图 5-2 浮游植物功能群检出频率（a）及相对丰度（b）

本次调查中共发现 7 个浮游植物优势功能群，其中功能群 A 占据绝对优势，在所有采样点均有检出，表征清洁、贫营养、深水环境，与水质较好的库区环境相一致（表 5-1）。其他 6 个优势功能群主要表征富营养、扰动、浑浊、浅水等生境特点，与处于清库阶段的库区滨岸带环境相一致。因为表征贫营养环境的功能群 A 占据绝对优势，表征富营养环境的其他功能群优势度明显偏低，可认为调查期间清林径水库基本处于贫营养状态。通过表层水体富营养化状态指数的计算，其平均值为 30.98，为贫营养至中营养状态，与浮游植物功能群的判断结果较为一致。水质指标及浮游植物功能群组成均表明清林径水库在调查期间水质较好，发生水华风险较低。

表 5-1　　　　库区优势功能群及主要代表种/属

编号	功能群	优势度	代表性种/属	功能群生境特征
1	A	0.587	科曼小环藻 Cyclotella comensis	清洁、深水、贫营养
2	J	0.064	十字藻 Crucigenia apiculata、双对栅藻 Scenedesmus bijuba、微小四角藻 Tetraedron minimum	富营养、掺混、浅水
3	Y	0.061	啮蚀隐藻 Cryptomonas erosa、卵形隐藻 Cryptomons ovata	静水、被捕食压力小
4	W2	0.060	旋转囊裸藻 Trachelomonas volvocina、网纹囊裸藻 Trachelomonas reticulata	中到富营养，浅水
5	Lo	0.040	细小平裂藻 Merismopedia tenuissima、裸甲藻 Gymnodinium sp.	贫营养到富营养、中到大型湖泊
6	MP	0.028	短缝藻 Eunotia sp.、异极藻 Gomphonema sp.、舟形藻 Navicula sp.	经常扰动、浑浊、浅水
7	S1	0.028	针晶蓝纤维藻 Dactylococcopsis rhaphidioides、不整齐蓝纤维藻 D. irregularis、泽丝藻 Limnothrix sp.	掺混、浑浊

5.3　浮游动物调查结果

5.3.1　种类组成

本次调查共检出浮游动物 67 种，其中原生动物 30 种，占种类总数的 44.77%；轮虫

23 种，占种类总数的 34.33%；枝角类和挠足类各 7 种，均占种类总数的 10.45%（图 5-3）。此次调查的常见种（检出频率大于 70%）包括枝角类中的无节幼体（检出频率为 96.15%）、原生动物中的冠砂壳虫（检出频率为 84.62%）、挠足类中的模糊许水蚤和近邻剑水蚤（检出频率分别为 80.77% 和 73.08%），以及枝角类中的镰状臂尾轮虫和高踺轮虫（检出频率均为 76.92%）。其中临近剑水蚤为耐污种。各采样点检出浮游动物种类数的变化范围为 7~30 种，平均值为 18.76。总体来看，调查期间浮游动物出现的种类数不多，种类组成以原生动物和轮为主，枝角类和挠足类出现的种类较少。

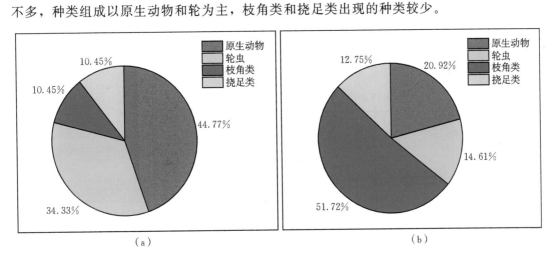

图 5-3 浮游动物种类（a）和丰度组成（b）

5.3.2 丰度组成

各采样点浮游动物丰度的变化范围为 6~96 个/L，平均值为 29.08 个/L，其中采样点 S15 浮游动物丰度最高，采样点 S1 和 S3 丰度最低。各采样点原生动物丰度的变化范围为 0~13 个/L，平均值为 6.08 个/L，占浮游动物总丰度的 20.92%。轮虫丰度的变化范围为 0~10 个/L，平均值为 4.25 个/L，占浮游动物总丰度的 14.61%。枝角类丰度的变化范围为 0~59 个/L，平均值为 15.04 个/L，占浮游动物总丰度的 51.72%。挠足类丰度的变化范围为 0~22 个/L，平均值为 3.71 个/L，占浮游动物总丰度的 12.75%。可见，调查期间清林径水库浮游动物丰度组成以枝角类为主。

通过优势度的计算，浮游动物群落共有 5 个优势种，分别为挠足类的无节幼体和邻剑水蚤（优势度分别为 0.39 和 0.05）、枝角类的简弧象鼻蚤（优势度分别为 0.06）、原生动物中的球形砂壳虫（优势度为 0.04）和轮虫中的镰状臂尾轮虫（优势度为 0.04）。总体来看，浮游动物优势种以体型较大的枝角类和挠足类为主，有利于对水体中浮游植物的控制。

5.4 水生态主要影响因素分析

5.4.1 浮游植物优势功能群主要影响因素分析

浮游植物优势功能群丰度矩阵的 DCA 分析结果显示，最大排序轴长度为 1.68，因此选择 RDA 分析。采用蒙特卡洛置换检验，筛选出 DO、NH_4^+、NO_3^-、SD/H 4 个有显著解释性的环境因子（$P<0.05$），与浮游植物优势功能群进行 RDA 分析。结果显示（表 5-2），这 4 个环境因子共解释浮游植物优势功能群变化的 57.61%。四个特征轴中，轴 1、轴 2 的特征值分别为 0.398 和 0.119，分别解释浮游植物优势功能群变化的 39.8% 和 11.9%，累积解释了浮游植物优势功能群与环境因子相关性的 89.6%，表明第 1 轴和第 2 轴包含了排序的绝大部分信息。

筛选出的 4 个具有显著解释性的环境因子中，DO 和 $NO_3^- - N$ 分别解释了浮游植物优势功能群变化的 34.4% 和 28.0%（在不考虑环境因子之间相互作用的情况下），是影响优势功能群丰度最主要的两个环境因素；其次为 SD/H 和 $NH_4^+ - N$，分别解释了优势功能群变化的 12.3% 和 12.0%。

表 5-2　　　　　　　　浮游植物优势功能群与环境因子的 RDA 分析结果

典范轴	特征值	物种—环境相关性	解释累积百分比%	
			物种	物种-环境相关性
1	0.398	0.894	39.73	68.97
2	0.119	0.891	51.66	89.66
3	0.044	0.633	56.02	97.23
4	0.016	0.473	57.61	100.00

从 RDA 排序图可见（图 5-4），占据绝对优势的功能群 A 与 DO 正相关，与 $NO_3^- - N$、$NH_4^+ - N$ 和 SD/H 负相关，结果与功能群 A 指示贫营养、清洁、深水等环境特征相吻合。功能群 MP、J、Y、W2 和 S1 丰度与 $NO_3^- - N$、和 SD/H 正相关，与这些功能群表征富营养、浅水、扰动、浑浊等环境特征相吻合。功能群 Lo 主要与 $NO_3^- - N$ 和 $NH_4^+ - N$ 正相关，与 DO 负相关，但相关性较弱，与 SD/H 不相关，与其较为广泛的适应性相吻合。

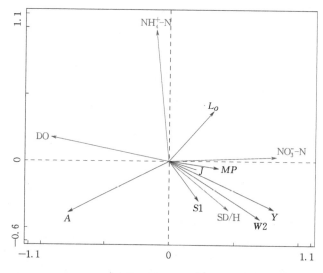

图 5-4　浮游植物优势功能群丰度与环境因子的 RDA 排序图

通过蒙特卡洛置换检验，筛选出影响浮游植物优势功能群丰度的 4 个具有显著解释性的环境因素，分别为 DO、$NO_3^- - N$、$NH_4^+ - N$ 和 SD/H。其中 DO 与 COD（$r = -0.69$，$P < 0.01$）、TP（$r = -0.60$，$P < 0.01$）和 Fe（$r = -0.89$，$P < 0.01$）显著相关。在 RDA 分析中，为了排除环境因子之间的共线性，COD、TP 和 Fe 未参与 RDA 分析。将 COD、TP 和 Fe 与浮游植物优势功能群做 RDA 分析，发现 Fe 和 COD 均具有显著解释性，分别能解释功能群变化的 30.3% 和 22.0%，优势功能群 A 与 Fe 和 COD 显著负相关，其他 6 个优势功能群均与这两个因素显著正相关，因此 Fe 和 COD 也是影响浮游植物优势功能群的主要环境因子。由此可见，调查期间影响清林径水库浮游植物优势功能群的主要环境因素为 DO、Fe、COD、$NO_3^- - N$、$NH_4^+ - N$ 和 SD/H。

5.4.2 浮游动物群落主要影响因素分析

通过皮尔逊相关性分析，原生动物丰度与主要水质指标无显著相关性；轮虫丰度与水体 pH 值显著负相关（$r = -0.41$，$P < 0.05$）；枝角类丰度与水体 COD 浓度（$r = 0.43$，$P < 0.05$）和 Chla 浓度（$r = 0.42$，$P < 0.05$）显著正相关；挠足类丰度与水体 COD 浓度（$r = 0.44$，$P < 0.05$）显著正相关；浮游动物总丰度与水体 pH 值显著负相关（$r = -0.44$，$P < 0.05$），与水体 COD 浓度（$r = 0.48$，$P < 0.05$）和 Chla 浓度（$r = 0.43$，$P < 0.05$）显著正相关。枝角类丰度与水体 Chla 浓度显著正相关，主要与枝角类捕食浮游植物有关。调查期间浮游植物生物量、浮游动物丰度均与水体 COD 浓度显著正相关，如果水体遭受有机质污染，可能促进浮游植物和浮游动物的增长。

5.5 本章小结

(1) 2019 年 7 月清林径水库共鉴定浮游植物 110 种，平均细胞丰度为 2.76×10^6 cell/L。浮游植物可划分为 25 个功能群，包含 A、J、Y、W2、Lo、MP、S1 7 个优势功能群，其中功能群 A 占据绝对优势，表征清洁、贫营养、深水环境。

(2) 2019 年 7 月清林径水库共鉴定浮游动物 67 种，种类组成以原生动物和轮为主；平均丰度为为 29.08 个/L，丰度组成以枝角类为主。浮游动物共 5 个优势种，以体型较大的枝角类和挠足类为主，有利于对水体中浮游植物的控制。

(3) RDA 分析结果显示，影响浮游植物优势功能群的水环境因子主要为 DO、Fe、COD、$NO_3^- - N$、$NH_4^+ - N$ 浓度和 SD/H。相关性分析结果显示，影响浮游动物丰度的水环境因子主要为 pH 值、COD 和 Chla 浓度。

第6章 ▶▶▶
植被与水土流失现状调查与分析

水库集水区水土流失不仅造成水库淤积，影响水体透明度，形成浑水水库，也是库区水体磷的重要来源，加大水库水体营养盐负荷。水土流失主要受气候、地质、地形、土壤、植被、人为活动六因子影响。清林径流域水土流失的影响因子主要是降雨和人为两大因子，水土流失类型分为集水区水土流失和水库扩建造成的水土流失两大类。清林径水库扩建工程涉及内容较多、扰动面积较大、水土流失较大、工程施工中产生的弃渣量大是工程的特点。

6.1 扩建工程实施前水土流失情况

根据清林径水库扩建工程初步设计报告，项目区的水土流失背景值为500t/(km² · a)，流域内多年平均含沙量为0.13kg/m³。清林径水库自1963年建成以来，泥沙淤积量为10.9万 m³；黄龙湖水库自1998年建成以来，泥沙淤积量为0.49万 m³。整体而言，研究区域大部分被划定为水源保护区，加之区域气候条件较好，植被覆盖率达85%以上，水土流失轻微，见图6-1。

（a）清林径库区　　　　　　　　　　　　　　（b）黄龙湖库区

图6-1　清林径库区（a）和黄龙湖库区（b）水土流失状况

6.2 扩建工程采取的主要水土保持措施

清林径水库扩建工程包括新建大坝 9 座、加高扩建大坝 2 座、新建溢洪道 1 座、新建库区内永久道路 25.44km 及提水泵站等。工程涉及料场 4 座、渣场 9 座、施工营区 5 个，移民村 6 个，见图 6-2。根据初步设计报告和环境影响报告书，清林径水库扩建工程项目建设区内扰动原地貌、破坏土地面积为 1494.00hm²，破坏植被面积 567.95hm²（表 6-1），弃渣量 268.49 万 m³（表 6-2），施工期水土流失总量为 32.09 万 t，施工期新增水土流失总量为 31.43 万 t（表 6-3）。

表 6-1　　　　工程扰动土地及破坏植被面积　　　　单位：hm²

项目建设区	耕地	鱼塘	园地	林地	草地	其他	扰动面积	破坏植被面积
枢纽工程区	1.72	2.12	30.86	100.24	25.3	9.36	169.60	156.40
道路工程	1.33	1.76	25.71	18.54	14.34	6.59	68.27	58.59
隧洞及泵站	—	—	1.27	30.00	0.10	9.48	40.85	31.37
料场	—	—	—	81.90			81.90	81.90
弃渣场	—	0.71	2.25	0.54	49.68	1.67	33.45	52.47
施工营区	0.35	—	0.13	0.74	4.75	0.83	6.80	5.62
水库淹没区	5.20	1.35	0.60	176.80	4.20	904.98	1093.13	181.60
合计	8.60	5.94	60.82	408.76	98.37	932.91	1494.00	567.95

注　弃渣场的鱼塘、园地、林地、草地、其他、破坏植被面积为 1～14 号渣场总和，扰动面积为 3～11 号渣场总和。

表 6-2　　　　工程弃土（渣）量表　　　　单位：万 m³

动土区域	挖方	填方	利用方	弃渣
坝基清基	29.27	0	0	29.27
库底清理	20.19	0	0	20.19
道路工程	107.92	50.57	28.96	78.96
隧洞及泵站	48.33	21.25	21.26	27.42
料场	65.30	0	0	65.30
溢洪道开挖	13.08	0.44	0.44	12.64
原黄龙湖溢洪道拆除	1.00	0	0	1.00
围堰拆除	33.71	0	0	33.71
合计	318.8	72.26	50.66	268.49

图 6-2　料场、渣场、施工营区和移民村分布图

表 6-3 扩建工程造成的水土流失量预测

项目建设区	面积/hm²	预测时段/a	背景侵蚀数/(t/km²·a)	预测侵蚀数/(t/km²·a)	水土流失预测总量/万 t	水土流失背景量/万 t	新增流失量/万 t
枢纽工程区	169.60	3.58	500	5000	3.04	0.30	2.73
道路工程	68.27	3.58	500	60000	14.66	0.12	14.54
隧洞及泵站	40.85	1.50	500	15000	0.92	0.03	0.89
料场	81.90	3.58	500	20000	5.86	0.15	5.72
弃渣场	33.45	3.58	500	60000	7.19	0.01	7.18
施工营区	6.80	3.58	500	10000	0.24	0.10	0.23
水库消落带	25.77	3.58	500	2000	0.18	0.05	0.14
合计	426.64	22.98	3500	172000	32.09	0.76	31.43

　　清林径引水调蓄工程弃渣场总占地面积 57.31hm²。项目建设区又分为枢纽工程区、供水管道防治区、道路工程防治区、隧洞施工防治区、土石料场防治区、弃渣场防治区、

施工场地防治区、水库涨落带防治区 8 个防治小区。直接影响区指项目建设区以外由于开发建设活动而造成的水土流失及其直接危害的范围，不属于项目征占地范围。工程直接影响区面积为 13.53 万 m²。包括移民安置区以及其他直接影响区域。

水土保持设计综合考虑临时与永久措施、工程与植物措施相结合，在项目区布置各种保水保土措施，并植树造林，增加植被覆盖率，尽量减少水土流失对附近农田、鱼塘、行洪河道的影响，同时恢复取土场、弃土场植被。水土保持防治区及其主要措施见表 6 - 4。

表 6 - 4　　　　　　　　　　　水土保持防治区及其主要水保措施

序号	防治区域	主要水保措施
一	项目建设区	
1	枢纽工程防治区	枢纽下游及周边做临时拦挡和临时排水沉沙措施，裸露地草皮绿化或园林绿化
2	供水管道防治区	临时拦挡，管线覆土后绿化
3	道路工程防治区	对危险地段采取浆砌石护坡，其余采用喷草＋穴植乔灌木护坡；道路外侧设排水沟
4	隧洞工程防治区	截水沟、排水沟、临时土袋挡墙、植被恢复
5	土石料场防治区	设置截排水沟、临时土袋挡墙，土地平整、覆土，植树种草
6	弃渣场防治区	设置拦渣墙、截排水沟、土地整治与复垦、植树种草
7	施工场地防治区	临时排水沟、临时拦挡措施。施工结束后要进行植被恢复
8	涨落带防治区	设置截排水沟、土地整治、植树种草
二	直接影响区	
1	移民安置区	临时排水沟、临时绿化
2	其他区域	采取保护措施

为了防止工程施工及建设造成的水土流失，结合本项目建设的特点，贯彻执行"预防为主、全面规划、综合防治、因地制宜、加强管理、注重效益"的水土保持方针，对枢纽工程、道路工程、料场、弃渣场、施工营区、消落带等均采取了相应水土保持措施。

6.2.1　枢纽工程

工程共计 11 座坝，其中 1 号坝和 2 号坝需要加高，3～11 号坝为新建坝。1 号坝和 2 号坝采用坝轴后移，保留大坝原有的混凝土迎水坡面，坝身后坡加高培厚至新定高程。见图 6 - 3 和图 6 - 4。

图 6 - 3　1 号坝

图 6 - 4　2 号坝

1 号坝和 2 号坝在施工过程中先沿新坝脚边缘布设一排临时土袋挡墙，挡墙外布设临时排水草沟，出口布置临时沉沙池，坡面雨水通过沉沙池后再流入外界排水系统。土坝下游坡面碾压至设计标准后布设排水沟和采取铺草皮绿化。上游邻水坡面采用混凝土护面。3～11号坝为新建坝体，坝址不位于水库现状水域范围，施工时先对坝基清基，清除土方就近运至渣场，下游坡脚布设临时土袋挡墙，挡墙外布设临时排水草沟，出口处布设临时沉沙池。外界排水系统建成后开始大坝填筑并分层碾压，土坝下游坡面碾压至设计标准后布设排水沟和铺草皮绿化。

6.2.2　溢洪道工程

清林径水库原溢洪道不能满足水库扩建后的泄洪要求，需要重新建设溢洪道。新建溢洪道位于原清林径水库副坝（现1号坝）的左坎肩，宽15m。该区域原为山体，植被覆盖率高。施工期间，在溢洪道开挖区域下游布设临时土袋挡墙及临时排水沟，上游开挖截洪沟，溢洪道开挖产生的土方及时运至弃渣场。建成后，形成的边坡用干砌石护坡，溢洪道两侧植乔草防护。

6.2.3　隧洞工程

1号坝下龙口—清林径提升泵站1号隧洞出口位于库区内，水土流失主要发生在隧洞口开挖工作面，虽然面积较小，但工程扰动强度较大，且洞渣的外运过程中可能发生弃渣掉落等问题，产生较大水土流失危害，甚至危及到隧洞工程本身安全。本工程施工中，开挖坡面的坡顶做好截水沟，洞口修建临时截（排）水沟、沉沙池和土袋挡墙；在洞脸开挖形成的边坡，采用支护的方法使边坡达到稳定状态，在坡脚设排水沟，平台设平台沟，见图6-5。施工结束后对坡面采用乔灌草结合的模式进行了植被恢复。

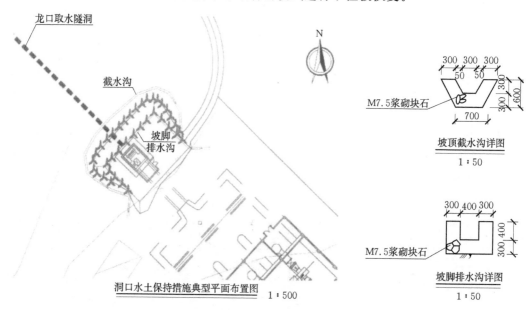

图6-5　隧洞口水土保持措施

6.2.4　施工导流工程

在隧洞洞口施工时，修建了临时施工围堰，施工结束后围堰已拆除，拆除后产生的弃渣及时运至渣场。

6.2.5　施工营区

本项目多数施工营区布置在水库流域之外，仅 5 号施工营区布置在"清林径水库—黄龙湖水库水源保护区"一级饮用水源保护区内。设置在水库流域之外的施工营区不会对库区水土流失产生直接影响。在施工营区场地周围布设了临时排水设施，将径流引入下游；施工结束后，对施工场地进行整地，并采用乔草相结合的方法进行植被恢复。见图 6-6。

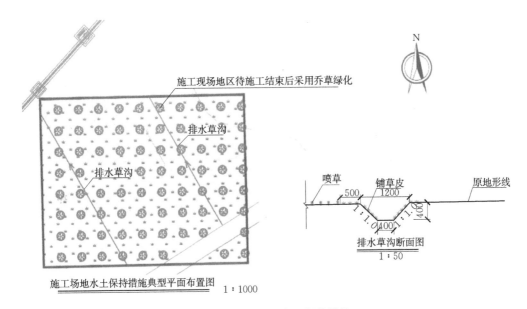

图 6-6　施工营区水土保持措施

6.2.6　移民村

库区移民村有杉坑村、下寮村、伯坳村、上吓山村、上寮村等自然村，面积约 1.76 万 m^2。上述自然村移出库区后房屋已被拆除清理，原有库区内经济林开发造成的严重水土流失得到控制，基本消除水土流失风险和饮用水源水质污染源。见图 6-7。

图 6-7　伯坳村位置

6.2.7 料场

本工程1号、2号和3号料场在库区内，占地面积72.8hm²，见图6-2、图6-8。料场开挖初期，将表层土临时放置在附近山凹处，用土袋挡墙护脚，开采结束后，用于渣场表层覆土。见图6-9，1号料场位于水库边缘，保留了125m以上的山体，料场形成1：1~1：1.5的开挖坡，坡面采用乔灌草绿化。施工时，临时设置了排水沟及沉砂池，雨水通过沉砂池后排入水库。2号和3号料场位于水库淹没区，施工期取料时采取了分块、分层开挖，靠近现状水库边缘的最后开挖，起到拦挡作用，施工场地内临时设置了排水沟及沉砂池，雨水通过沉砂池后排入水库。

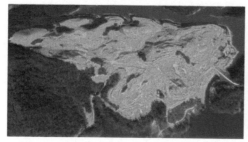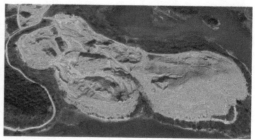

图6-8　1号料场和3号料场

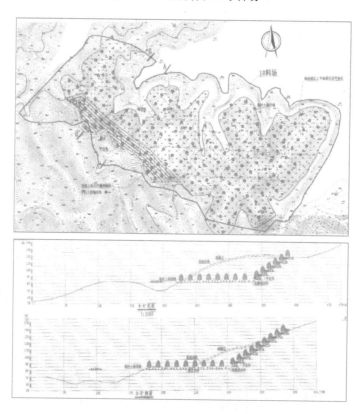

图6-9　1号料场水土保持措施

6.2.8 弃渣场

弃渣场是松散的土石混合料堆积体，结构松散，在降雨径流冲刷作用下容易造成滑坡、冲沟和坡面泥石流，造成大量的水土流失。清林径引水调蓄工程共有 14 个渣场，其中 6 号和 7 号渣场位于水库一级水源保护线内。上游汇水面积大，在防护措施不到位的情况下，弃渣在降雨径流作用下，直接进入水库，影响水库水质，甚至影响整个供水片区的正常供水，需高度重视。见图 6-2，3 号、5 号、8 号、9 号渣场位于库坝下游，11 号弃渣场位于清林径水库和黄龙湖水库周围。本工程采用浆砌石块挡渣墙、土地复垦、排水沟及沉砂池、植物措施等多种方式，防止弃渣场产生水土流失。见图 6-10 和图 6-11。

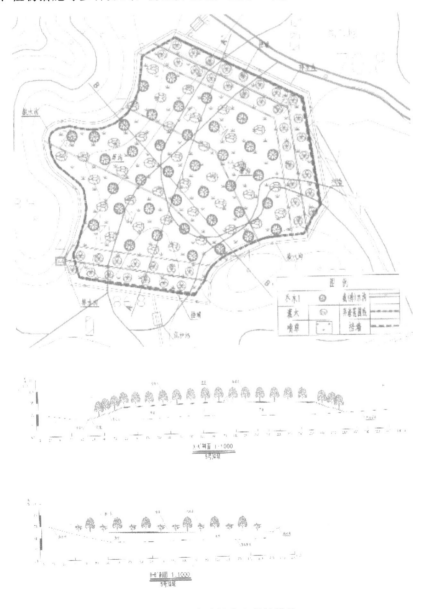

图 6-10　弃渣场水土保持措施

图 6-11 弃渣场覆盖情况

图 6-12 清林径水库防汛道路

6.2.9 道路工程

项目区域内的道路工程包括永久道路和临时道路，其中永久道路 25.44km（新建上坝道路 2.36km，新建连通各大坝的防汛道路共计 23.08km），库区内临时施工道路 30.00km，见图 6-12。临时施工道路主要由新建和扩建而成。道路工程施工破坏水库周边原有植被，引起的水土流失强度较大。根据初步设计报告书成果，库内防汛道路的修筑造成的水土流失占新增水土流失总量的 35.87%，所占比例是最大的。

本工程道路开挖边坡的危险地段采取混凝土格梁护坡，其余采用乔灌草护坡；对填方部位进行碾压达到稳定状态，坡脚用浆砌石挡墙护脚，裸露坡面用乔灌草护坡。在开挖部位上方设置了截水沟，坡脚设排水沟和沉沙池，在填方部位的道路外侧设置了排水沟。

通过上述水土保持方案的实施，以最短的时间控制了项目建设产生的水土流失。工程施工结束后，土壤侵蚀模数控制在 200t/(km² · a) 以内，减少水土流失量 39.01 万 t，使因工程建设所扰动的土地治理率达到 100%，水土流失得到有效控制。清林径水库扩建后，之前受人类活动影响而产生的水土流失较重的区域将被淹没于水库水体中，随水土流失进入水库中的泥沙将会减少。

6.3 植被覆盖现状

6.3.1 森林资源现状

根据收集到的资料，清林径水库陆域林业用地为 2211.5hm²，其中林分面积 168.3hm²，经济林 575.6hm²（主要为荔林枝和龙眼林），疏林 1168.0hm²，未成林 51.7hm²，无林地 247.9hm²，如图 6-13 所示。

库区内的植被类型主要包括针阔叶混交林、常绿林和少量针叶林。针叶林主要分布在洞其寨、牛坑等地的山坡上，面积约 218hm²，乔木层主要是马尾松、湿地松等。针阔叶混交林主要分布于洞其寨、雾地屋、西湖背等地，面积 112hm² 左右，乔木层主要是马尾松、桉树等，下层多为桃金娘、乌毛蕨等。常绿阔叶林主要包括桉树林、相思林及阔叶幼树和果树林，面积约 1632hm²，林下有桃金娘、野牡丹、春花等，果树主要是荔枝林和龙眼林，有少量的黄皮林。

引水工程沿线区域的植被总体分布较少，引水线多沿公路边和山脚生态控制线延伸，森林植被主要有四种类型，一是荔枝、龙眼、菠萝蜜等果树林，大多经过城市化转地后成为无人经营管理的生态林；二是道路绿化林，主要是榕树类、相思林及棕榈科植物，这些植被经过引水工程施工可以重新恢复；三是疏林灌木林，主要是小乔木和常见的灌木林；四是引水线经过的村庄附近的风水林，这一类型是深圳典型的南亚热带常绿阔叶林，如车村后面的红鳞蒲桃林。

6.3.2 植物种类组成

根据调查统计，清林径水库及引水沿线区域共分布维管植物 90 科 274 属 369 种，其

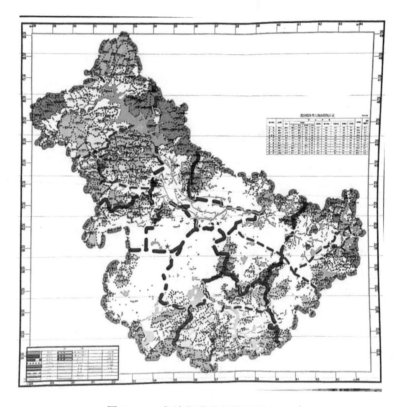

图 6-13　龙城街道森林资源分布图

中野生植物 86 科 262 属 348 种，栽培植物 12 科 15 属 21 种。就各大类群总体而言，有蕨类 14 科 15 属 20 种，全部为野生种类，裸子植物 2 科 2 属 3 种，双子叶植物 65 科 208 属 278 种，单子叶植物 9 科 50 属 68 种，见表 6-5。

表 6-5　　　　　　　　　　深圳清林径水库维管植物各大类统计

类群		科/数	属/数	种/数
野生	蕨类植物	14	15	20
	裸子植物	1	1	2
	双子叶植物	62	197	260
	单子叶植物	9	49	66
	小计	86	262	348
栽培	蕨类植物	0	0	0
	裸子植物	1	1	1
	双子叶植物	9	12	18
	单子叶植物	2	2	2
	小计	12	15	21
总计		90	274	369

深圳清林径水库库区及引水线沿线区域的维管植物中，蕨类植物的区系成分以热带亚热带分布和广布的科属为主，温带成分极少。种子植物区系中，含植物种类 20 种及以上的 4 科（表 6-6），多为世界广布或分布区为热带和亚热带（菊科、禾本科、大戟科、莎草科）。含有 5~20 种的有 12 个科，分别属于热带和温带分布，以及热带和亚热带分布，说明植物区系带有较明显的热带和亚热带成分，与所处的南亚热带地理位置相适应。

表 6-6   含有 5 种以上的科及其物种数

科名	种/数	科名	种/数
菊科 Compositae	37	玄参科 Scrophulariaceae	7
禾本科 Gramineae	33	伞形科 Umbelliferae	6
大戟科 Euphorbiaceae	22	唇形科 Labiatae	5
莎草科 Cyperaceae	20	含羞草科 Mimosaceae	5
茜草科 Rubiaceae	17	锦葵科 Malvaceae	5
蝶形花科 Papilionaceae	14	木犀科 Oleaceae	5

历史上由于清林径水库植被砍伐比较严重，原生植被受到破坏，所以草本植物比较丰富，禾本科和菊科等草本植物占比较大。而南亚热带的其他木本表征科如：粘木科、桑科、芸香科、樟科、山茶科、杨梅科、山矾科、杜英科、冬青科、金缕梅科等，所占比例较小。

根据调查结果，在清林径水库分布的 3 种保护植物都属于国家二级保护植物，分别为樟树、土沉香、水蕨。其中樟树以前在珠江三角洲地区颇为常见，只是近些年来数量逐渐稀少，在村庄附近的风水林中发现有少量樟树。土沉香本为深圳市常绿季雨林和沟谷雨林的常见种，在清林径水库西山和后山多处地段可以看到本种，由于人们取其香脂使其遭到破坏，故土沉香多为一些幼树。水蕨在水库周边的洼地和山谷旁边可以见到几株。

6.3.3　植被群落类型

清林径水库地处北回归线南缘，区内地带性植被应为南亚热带常绿阔叶林，但很少见，多是人工种植的桉树林、马占相思林、人工果林、疏残灌林，在村边保存较好的风水林是难得见到的南亚热带常绿阔叶林。根据调查结果，库区主要有 5 个人工林群落，分别是马占相思＋柠檬桉群落、柠檬桉＋尾叶桉群落、马占相思＋豺皮樟群落，以及果林（荔枝群落和荔枝＋龙眼群落），人工林的郁闭度 0.60~0.70，果树林的郁闭度为 0.80~0.90。库区内没有地带性植被的代表群落（南亚热带沟谷常绿季雨林），区内植被人工种植特征十分明显。

6.3.3.1　群落类型及分布

库区植被主要有四种，即桉树林、马占相思林、经济果林及荒草灌丛。其中桉树林主要分布在水库主坝西侧的大片山体上，以尾叶桉和柠檬桉为主；马占相思主要分布在水库主坝东侧靠近坪地的山体上；经济果林主要分布水库北侧及东北侧的山体上；荒草灌丛零星分布于以上几种植被类型之间或之中。

6.3.3.2 库区植被群落

马占相思＋柠檬桉—桃金娘—黑莎草群落位于水库主坝东北侧小山上，群落高度12m左右，郁闭度0.6，外观不整齐。群落分层，上层高10～15m为马占相思和柠檬桉，其中马占相思为建群种；第二层高6～8m，主要马尾松和树龄不大的马占相思和柠檬桉；第三层高2～4m，主要为桃金娘、春花、展毛野牡丹等，其中桃金娘多度最大，群落总盖度70%左右。其他灌木有漆树、赤楠蒲桃、台湾榕、豹皮樟、岗松等。最下层为草本，主要有黑莎草、芒萁、乌毛蕨和山菅兰等。藤本植物较少，主要有寄生藤，偶见无根藤、金刚藤、暗色菝葜等。

柠檬桉＋尾叶桉—春花—芒萁群落位于水库主坝西南侧山体上，群落高17m，郁闭度0.4，外观较为整齐，颜色淡绿色到粉白色。群落分三层，第一层高8m以上，主要为柠檬桉和尾叶桉，还有少量的马占相思和赤桉等。第二层高4～7m，主要为马尾松、柠檬桉、赤桉等，还有少量的银柴、变叶榕等。第三层为灌草层，高1.5m左右，芒萁占绝对优势，覆盖度10%。在芒萁中夹杂有少量的桃金娘、变叶榕、春花、象草等灌木和草本。藤本植物极少，只有少量的无根藤。

马占相思＋豹皮樟—桃金娘—芒萁群落位于水库主坝西北侧山体及山沟中，土质较好，落叶层厚约10cm。群落高25m，郁闭度0.8左右，外观整齐，翠绿色。群落明显分三层，第一层主要是马占相思，高25m，其中偶见尾叶桉。第二层灌木较为丰富，高4～6m，较多的乔灌木主要有银柴、降真香、土密树、黄牛木、豹皮樟等，此外还有一些梅叶冬青、五指毛桃、米碎花、香港算盘子、大叶算盘子和苦楝等。第三层灌草较少，主要是芒萁，盖度为15%左右。此外还有乌毛蕨、桃金娘和春花等。藤本植物以小叶海金沙较多，在样方中的盖度为12%。

经济林主要有荔枝、龙眼等优质果树，树龄8～15年。代表群落为龙眼群落和荔枝＋龙眼群落。在100m²的龙眼群落样地内，有龙眼9株，平均高2.8m，平均胸围25.4cm。群落下层有小白酒草、芒萁、山菅兰、玉叶金花等草本植物。在100m²的荔枝＋龙眼群落样地内，有荔枝14株，平均高3.3m，平均胸围26.3cm；有龙眼6株，平均高2.6m，平均胸围26.5cm。群落下层主要有蓝草、弓果黍、金刚藤、一点红、广东耳草及一些灌木、乔木的幼苗。

6.4 林木采伐的影响

清林径水库扩建后，正常水位由58.7m（黄龙湖为58m）提高到79.0m，比扩建前抬高20.3m，水面面积扩大至10.5km²。淹没乔木、灌木和草本植被面积666.7hm²，其中林木采伐面积为494.1hm²，见图6-14。森林类别为生态公益林390.9hm²和商品林103.2hm²，林地优势树种为其他软阔、其他硬阔、桉树、速生相思、马尾松和荔枝。

库区新增淹没范围内林木砍伐形成大面积裸露坡面，这些裸露坡面均与库区水体相邻，是目前库区面源污染的主要来源（见图6-15）。尤其是雨季地表径流的挟沙能力和对水体的扰动能力较强，可能使得库区滨岸带附近水体浑浊，水质迅速变差。

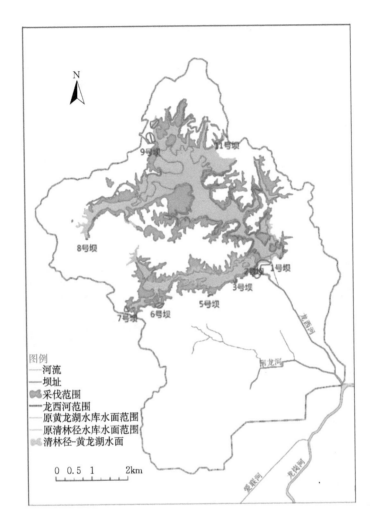

图 6 - 14　采伐范围

图 6 - 15　采伐后的裸露坡面

随着库区水位的抬高，裸露坡面将逐渐被淹没，裸露坡面的水土流失现象将随之消失。根据现场采样调查，裸露坡面表层土壤中 TOC、TN、TP 含量分别是清林径表层沉积物的 44％、58％和 66％，被淹没后不会加重内源污染。但林木砍伐形成的裸露坡面在被淹没之前是库区面源污染的主要来源。

6.5　本章小结

（1）清林径水库历史上植被砍伐严重，目前以人工林为主，陆域林地面积为 2211.5hm²，植被类型以常绿阔叶林为主，主要树种为桉树、相思树、荔枝树和龙眼树，植被覆盖率高，自然水土流失轻微。

（2）与本研究有关的清林径水库扩建工程项目建设区内扰动原地貌、破坏土地面积为 1494.00hm²，破坏植被面积 567.95hm²，弃渣量 268.49 万 m³，施工期水土流失总量为 32.09 万 t，施工期新增水土流失总量为 31.43 万 t。

（3）工程采取了有效的水土保持措施，土壤侵蚀模数控制在 200t/（km²·a）以内，使因工程建设所扰动土地治理率达到 100％，水土流失得到有效控制。另外，清林径水库扩建后，之前受人类活动影响而产生的水土流失较重的区域将被淹没，随水土流失进入水库中的泥沙将会减少。

（4）清林径水库扩建后，水面面积扩大至 10.53km²，其中林木采伐面积为 494.08hm²。目前林木采伐工程已完工，形成大量邻水裸露坡面，是目前库区面源污染的主要来源。随着蓄水位的抬高，裸露坡面逐渐被淹没，水土流失现象随之消失。

第7章

库区水动力水质数学模型

根据现场调查结果，氨氮、铁等水质指标在全年大部分时段存在显著的垂向差异，表现出一定的三维特性。当清林径水库蓄满后，水位将上涨 20m 左右。水深增加将进一步加剧水温、水质在垂向分布上的差异。同时清林径水库是猫仔岭水厂的主要水源，为保障供水水质，有分层取水的需求。本项目基于丹麦水力学研究所（DHI）研发的 MIKE 软件，在考虑水体斜压的基础上，将开启了温盐模块的水动力模型和水质模型相耦合，构建了清林径水库三维水动力-水温-水质模型，模拟了蓄水后清林径水库水温、水质三维分布特征。

7.1 基本方程

7.1.1 水动力模型

水动力模型是在考虑布西涅斯克涡黏假定及静水压假设的前提下，基于三维不可压缩的雷诺平均 N-S 方程构建，在笛卡儿坐标系下，其基本方程如下：

（1）连续方程：

$$\frac{\partial u}{\partial x} + \frac{\partial v}{\partial y} + \frac{\partial w}{\partial z} = S \tag{7-1}$$

（2）动量方程：

$$\frac{\partial u}{\partial t} + \frac{\partial u^2}{\partial x} + \frac{\partial vu}{\partial y} + \frac{\partial wu}{\partial z} = fv - g\frac{\partial \eta}{\partial x} - \frac{1}{\rho_0}\frac{\partial p_a}{\partial x} - \frac{g}{\rho_0}\int_z^\eta \frac{\partial \rho}{\partial x}\mathrm{d}z$$
$$- \frac{1}{\rho_0 h}\left(\frac{\partial s_{xx}}{\partial x} + \frac{\partial s_{xy}}{\partial y}\right) + F_u + \frac{\partial}{\partial z}\left(v_t\frac{\partial u}{\partial z}\right) + u_s S \tag{7-2}$$

$$\frac{\partial v}{\partial t} + \frac{\partial v^2}{\partial y} + \frac{\partial uv}{\partial x} + \frac{\partial wv}{\partial z} = -fu - g\frac{\partial \eta}{\partial y} - \frac{1}{\rho_0}\frac{\partial p_a}{\partial y} - \frac{g}{\rho_0}\int_z^\eta \frac{\partial \rho}{\partial x}\mathrm{d}z$$
$$- \frac{1}{\rho_0 h}\left(\frac{\partial s_{yx}}{\partial x} + \frac{\partial s_{yy}}{\partial y}\right) + F_v + \frac{\partial}{\partial z}\left(v_t\frac{\partial v}{\partial z}\right) + v_s S \tag{7-3}$$

式中：t 为时间；x、y、z 为笛卡儿坐标系下的坐标轴；u、v、w 为 x、y、z 方向的流速；S 为源汇项；f 为科氏力参数；g 为重力加速度；η 为水位；ρ_0 为水的参考密度；ρ 为水的密度；p_a 为大气压强；S_{xx}、S_{xy}、S_{yx}、S_{yy} 为辐射应力张量；h 为总水深；F_u、F_v 为水平应力项；v_t 为垂向紊动系数；S 为点源流量梯度；u_s、v_s 为点源排放速度。

（3）$k-\varepsilon$ 方程：

$$\frac{\partial k}{\partial t}+\frac{\partial uk}{\partial x}+\frac{\partial vk}{\partial y}+\frac{\partial wk}{\partial z}=F_k+\frac{\partial}{\partial z}\left(\frac{v_t}{\sigma_k}\frac{\partial k}{\partial z}\right)+P+B-\varepsilon \tag{7-4}$$

$$\frac{\partial \varepsilon}{\partial t}+\frac{\partial u\varepsilon}{\partial x}+\frac{\partial v\varepsilon}{\partial y}+\frac{\partial w\varepsilon}{\partial z}=F_\varepsilon+\frac{\partial}{\partial z}\left(\frac{v_t}{\sigma_\varepsilon}\frac{\partial \varepsilon}{\partial z}\right)+\frac{\varepsilon}{k}\left(C_{1\varepsilon}P+C_{3\varepsilon}B-C_{2\varepsilon}\varepsilon\right) \tag{7-5}$$

式中：k 为紊动动能；F 为水平扩散项；P 为切应力项；B 为浮力项；ε 为紊动动能耗散率；σ 和 c 均为经验常数。

7.1.2 水温模型

水温模型遵循能量守恒定律和傅里叶热传导定律，在不可压缩条件下，温度对流扩散方程如下：

$$\frac{\partial T}{\partial t}+\frac{\partial uT}{\partial x}+\frac{\partial vT}{\partial y}+\frac{\partial wT}{\partial z}=F_T+\frac{\partial}{\partial z}\left(D_v\frac{\partial T}{\partial z}\right)+H+T_sS \tag{7-6}$$

式中：T 为温度；F_T 为水平扩散项；D_v 为垂向紊流扩散系数；H 为与大气热交换量；T_s 为源项的温度。

水体与大气的热交换过程主要包括水—气对流热传导、水体蒸发散热、太阳的长波辐射和短波辐射，水体表面的总热通量表达为：

$$Q_n=q_v+q_c+\beta q_{sr,\text{net}}+q_{lr,\text{net}} \tag{7-7}$$

式中：Q_n 为总的热量变化；q_v 为蒸发散失的热量；q_c 为对流传输的热量；β 为水体表面吸收光能的比例系数；$q_{sr,\text{net}}$ 为净短波辐射热量；$q_{lr,\text{net}}$ 为净长波辐射热量。

四种热交换过程中，对流、蒸发和长波辐射发生在水体表面，短波辐射进入水体被吸收，水下光强的衰减由比尔定律确定：

$$I(d)=(1-\beta)I_0e^{-\lambda d} \tag{7-8}$$

式中：I_0 为水体表面的太阳光强；$I(d)$ 为水面以下 d 处的太阳光强；λ 为水下光能衰减系数。水体表面和垂向水体内部的热交换可表示为：

$$H=\frac{q_v+q_c+\beta q_{sr,net}+q_{lr,net}}{\rho_0 c_p} \tag{7-9}$$

$$H=\frac{\partial}{\partial z}\left(\frac{q_{sr,net}(1-\beta)e^{-\lambda(\eta-z)}}{\rho_0 c_p}\right) \tag{7-10}$$

式中：C_p 为水的比热。

7.1.3 水质模型

水质模拟主要通过 MIKE3 中的 ECO Lab 模块实现。ECO Lab 是 DHI 在传统水质模型基础上开发的更为先进的生态模型，比单纯的对流扩散模块功能更为复杂。ECO Lab 内置有水质模型、富营养化模型和重金属模型的不同模板，用户可根据实际需求修改模板内的变量、参数和过程以达到不同模拟目标，具有开放性的特点。三维模型中各状态变量（污染物浓度）的动力学非守恒式如下：

$$\frac{\partial c}{\partial t}+u\frac{\partial c}{\partial x}+v\frac{\partial c}{\partial y}+w\frac{\partial c}{\partial z}=D_x\frac{\partial^2 c}{\partial x^2}+D_y\frac{\partial^2 c}{\partial y^2}+D_z\frac{\partial^2 c}{\partial z^2}+S_c+P_c \tag{7-11}$$

式中：c 为状态变量的浓度；D_x、D_y、D_z 分别为 x、y、z 方向的扩散系数；S_c 为源汇项；P_c 为 ECO Lab 水质模型中的过程表达式。

流速和扩散系数等水动力学参数直接调用水动力模块的计算结果。

结合研究的问题，本项目在富营养化模板的基础上，增加了状态变量，用来描述水体中溶解氧、营养盐、浮游植物生长、死亡等水生态过程。本次水质模拟共包括 25 个状态变量、79 个辅助变量、122 个参数、100 个过程、7 个作用力、2 个衍生结果（总氮、总磷）。主要涉及到的过程描述如下。

7.1.3.1　溶解氧

溶解氧浓度主要与水体中增氧和耗氧过程有关，其中增氧过程主要包括大气复氧和浮游植物光合作用，耗氧过程主要包括动植物呼吸作用、有机物降解、沉积物耗氧、消化作用等。溶解氧浓度主要是通过溶解氧平衡进行方程求解：

$$\frac{dDO}{\partial t} = reaera + phtsyn \cdot F（N，P）- respT - codd - sod - Y_1 nItr \quad （7-12）$$

式中：$reaera$ 大气复氧量，主要与大气复氧速率和水体氧饱和度有关；$phtsyn$ 为光合作用产氧量，主要与光照强度和氮磷营养盐有关；$resp$ 为呼吸作用耗氧量，主要与温度（T）有关；$codd$ 为 COD 降解耗氧量；sod 为沉积物耗氧量；$nItr$ 为硝化作用耗氧量，主要与产氧率和硝化速率有关。

7.1.3.2　COD

水体中化学需氧量主要参与了降解、沉降及再悬浮过程，数学表达式如下：

$$\frac{dCOD}{\partial t} = -CODd - SedImentatIon + ResuspensIon \quad （7-13）$$

$$CODd = -K_3 \cdot COD \cdot \theta_3^{(T-20)} \quad （7-14）$$

式中：$CODd$ 为 COD 降解的量；$SedImentatIon$ 为 COD 沉降的量；$ResuspensIon$ 为 COD 再悬浮的量；K_3 为 20℃时 COD 降解系数；θ 为 COD 降解温度系数；T 为水温。

7.1.3.3　总氮

总氮为衍生结果，主要为浮游动植物含氮量、无机氮、碎屑含氮量的总和。其中无机氮主要包括氨氮和硝酸盐氮，其数学表达式如下：

$$\frac{dNH_3}{\partial t} = Y_{COD} \cdot （-CODd）- NItrIfIcatIon - PlantUptake - BacterIaUptake$$

$$（7-15）$$

$$\frac{dNO_3}{\partial t} = NItrIfIcatIon - DenItrIfIcatIon \quad （7-16）$$

式中：Y_{COD} 为有机物分解的氨氮产率；$NItrIfIcatIon$ 为硝化作用消耗的氨氮量或产生的硝酸盐氮量；$PlantUptake$ 为植物吸收的氨氮量；$BacterIaUptake$ 为细菌吸收的氨氮量；$DenItrIfIcatIon$ 为反消化作用消耗的硝酸盐氮量。

7.1.3.4　总磷

总磷为衍生结果，主要为浮游动植物含磷量、无机磷、碎屑含磷量的总和。

7.2 数值求解方法

MIKE3 模型采用以单元为中心的有限体积法对空间进行离散。为改善提升模型在近岸区域的模拟效果,模型在水平方向上使用非结构化三角网格,在垂向上采用分层结构化网格,垂向上各层网格单元数保持一致。MIKE3 的空间离散可以采用一阶或二阶格式来实现。本项目的空间离散求解采用二阶解法,并应用黎曼近似解计算网格边界上的对流通量。N-S 方程和温度对流扩散方程中对流项的离散采用二阶 TVD 格式来消除数值震荡。污染物浓度场的空间离散采用高阶精度格式。为模拟由蒸发、降雨导致水位涨落引起计算水域变化的问题,引入干湿判别技术。时间离散采用半隐式格式,时间步长动态变化,控制 CFL 收敛条件判断数小于 1,以保证计算的稳定性。

7.3 模型配置及验证

7.3.1 计算域及网格

扩建后清林径水库设计常水位为 79.00m。为模拟蓄满后清林径水库水质时空分布特征,模型计算域为高程 80.00m 以内的区域。整合收集到的地形及实测的水深数据建立清林径水库地形文件,采用渐变非结构化三角网格,如图 7-1 所示。重点关注区域两个取水

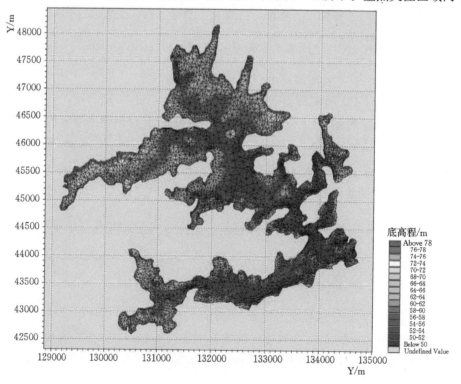

图 7-1 模型计算网格

口均距岸边较近，网格较密，满足计算要求。平面网格单元数 11287 个，节点数 7794 个，最小网格面积 9.50m² 。垂向为 10 个 Sigma 分层，采用干湿动边界处理技术。

7.3.2 数据输入

在不考虑调水的情况下，平时清林径水库入库流量为降雨径流，出库流量为向猫仔岭水厂供水。2018 年无调水，清林径水库的日降雨、日供水量和日气温数据如图 7 - 2 至图 7 - 4 所示。风速及风向采用 2018 年各季度平均风速及最高频率风向，降雨径流水质采用多年平均值。

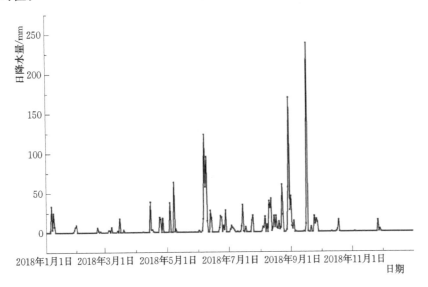

图 7 - 2　2018 年清林径水库日降水量数据

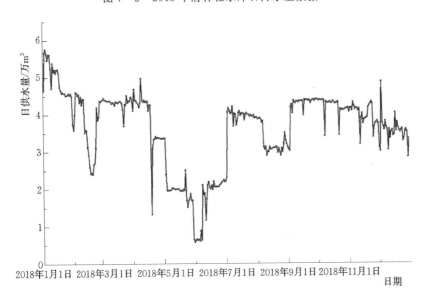

图 7 - 3　2018 年清林径水库日供水量数据

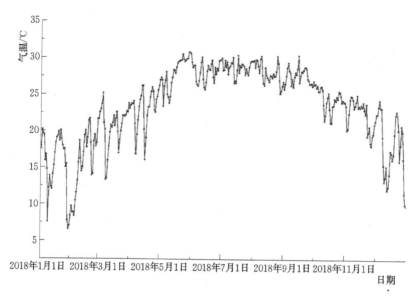

图 7-4 2018 年清林径水库日气温数据

7.3.3 模型验证

选取 2018 年实测数据做水动力和水质模型验证。根据模型计算结果，在无降雨条件下，清林径库区大部分水域流速为 1~2mm/s，少量滨岸水域由于局部地形的影响流速可达到 1~2cm/s。暴雨条件下，清林径库区大部分水域流速为 2~6mm/s，大部分滨岸水域流速接近或达到 1cm/s，最大可达 10cm/s。模型计算结果基本符合清林径库区实际情况。

利用 2018 年取水口、库中和库尾 3 个采样点 33 次表层水水质实测结果做模型验证。结果表明取水口高锰酸盐指数模拟的误差范围为 0~27.42%，平均误差为 5.82%；库中高锰酸盐指数模拟的误差范围为 0~20.32%，平均误差为 4.72%；库尾高锰酸盐指数模拟的误差范围为 0~28.57%，平均误差为 5.82%（图 7-5）。取水口总磷浓度模拟的误差

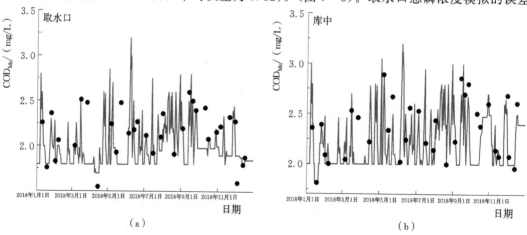

图 7-5 高锰酸盐指数模拟结果与实测结果对比（一）

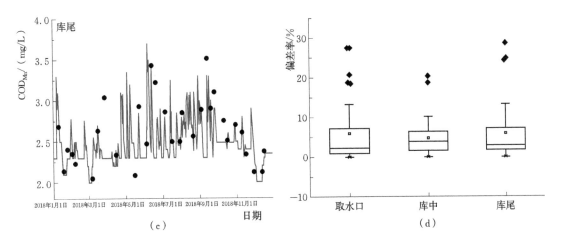

图 7 - 5 高锰酸盐指数模拟结果与实测结果对比（二）

范围为 0～23.81%，平均误差为 7.00%；库中总磷浓度数模拟的误差范围为 0～47.56%，平均误差为 7.55%；库尾总磷浓度模拟的误差范围为 0～21.21%，平均误差为 6.46%（图 7 - 6）。取水口总氮浓度模拟的误差范围为 0～45.46%，平均误差为 10.84%；库中总氮浓度数模拟的误差范围为 0～46.47%，平均误差为 10.13%；库尾总氮浓度模拟的误差范围为 0～41.88%，平均误差为 9.73%（图 7 - 7）。

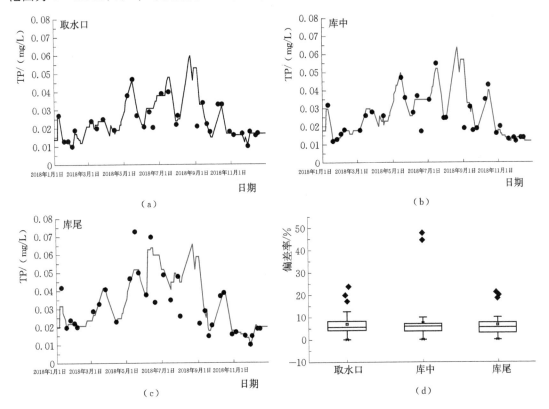

图 7 - 6 总磷浓度模拟结果与实测结果对比

71

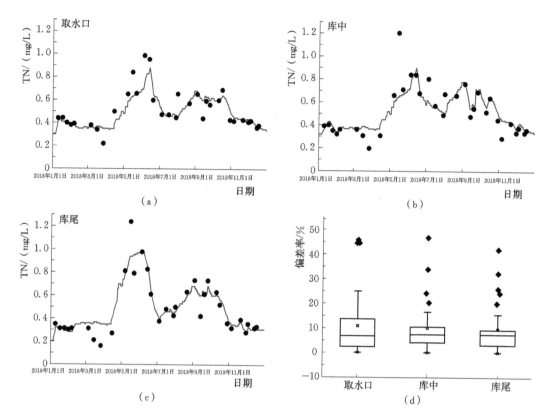

图 7-7　总氮浓度模拟结果与实测结果对比

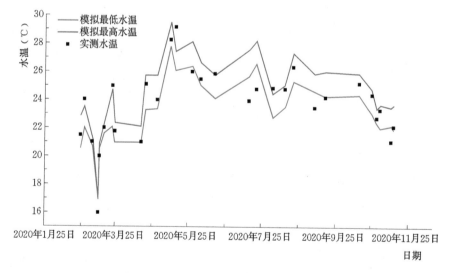

图 7-8　水温模拟结果与实测结果对比

逐小时气温数据能大大降低水温模拟误差。由于 2018 年无逐小时气温数据，本研究使用 2020 年实测数据，包括逐小时气温数据、逐日风速风向数据、逐日降雨量数据、逐日调水量数据等作为模型边界条件，利用 2020 年取水口、库中和库尾 3 个采样点 30 次表层水水温实测结果做模型验证。由于表层水温受气温影响，存在昼夜温差，模型在每天 0

时、6 时、12 时和 18 时各输出一次结果，作为当天表层水温的变化范围；并将取水口、库中、库尾 3 个采样点实测水温的平均值作为当天表层水温，对比模拟水温范围与实测水温，结果如图 7-8 所示。30 次实测水温中有 16 次测量结果在模拟水温范围内，未在模拟水温范围内的其模拟误差变化范围为 0.08%～2.98%。

7.4 本章小结

本章基于 MIKE 软件，在考虑水体斜压的基础上，开启了温盐模块，将水动力模型和水质模型相耦合，构建了清林径水库三维水动力-水温-水质模型，并利用 2018 年和 2020 年实测数据做了水动力、水质和水温模型验证。

总体来看，构建的水动力-水温-水质模型，能较准确模拟清林径水库的水动力特征，表层水温模拟误差控制在 3% 以内。水质模拟结果与实测值相比，COD 的误差为 5% 左右，TP 为 7% 左右，TN 为 10% 左右，虽然总氮浓度在个别时间段模拟误差较大，但年内浓度变化趋势与实测数据基本一致，且各水质指标模拟的平均误差均控制在可接受范围内，因此认为该模型较为合理。

第8章 ▶▶▶
蓄水过程及正常运行期水环境特征预测分析

8.1 蓄水过程对库区水质的影响

目前清林径和黄龙湖库区正常库容之和约为 2500 万 m^3，当水位蓄至 79m 时，清林径水库的正常库容为 1.73 亿 m^3，约为现状库容的 6.92 倍。届时清林径水库的水将以外调水为主。根据 2019 年东江取水口水质检测数据，外调水中总氮、总磷分别是清林径水库现状的 2.93 和 2.32 倍。大量氮磷污染物将随外调水进入清林径水库，并在水库中沉淀、降解。蓄水方式和过程将极大影响清林径水库的水质状况。本章将利用 MIKE3 构建清林径水库三维水质模型，模拟蓄水过程及正常运行期库区水质的变化情况。

8.1.1 工况设置

结合清林径水库实际情况计算了 5 年蓄满情况下，清林径水库的水质变化情况，模拟时间为 2021 年 1 月 1 日至 2025 年 12 月 31 日。外调水入库量为 30 万 m^3/d，入库位置为 1 号坝下 2 号隧洞出口，外调水入库时间为每年 5 月 1 日至 8 月 31 日（123 天）。

模型中考虑了清林径水库向猫仔岭水厂供水，根据 2020 年供水情况，设置为 3 万 m^3/d。气象条件中逐日降水量、入库径流量、逐日风速和风向，以及逐小时气温数据均为 2020 年黄龙湖气象监测站的实测数据；蒸发量采用多年平均 3.6mm/d。清林径水库的初始水位为现状正常蓄水位 58.7m，初始水质为 2020 年 11 月 23 日取水口、库中、库尾 3 个采样点表层水各水质指标的平均值；入库的外调水水质根据 2019 年东江水源工程东江取水口实测数据给定；地表径流水质根据《深圳市清林径引水调蓄工程环境影响报告书》中的数据给定。

黄龙湖气象监测站 2020 年库区逐日降水量如图 8-1 所示，年降雨量为 1533mm，最大日降雨量为 125.5mm，出现在 8 月 6 日。模型计算中 2021 年至 2025 年均采用此降雨模式。2020 年清林径水库径流量数据如图 8-2 所示，年径流量为 1339.8mm，最大日径流量为 109.7mm。从水质来看（表 8-1），初始水质总磷和化学需氧量符合Ⅰ类水标准，总

氮符合Ⅱ类水标准；地表径流由于携带大量有机污染物，化学需氧量非常高，汛期劣于Ⅴ
类水标准，非汛期符合Ⅴ类水标准；外调水中含有大量氮磷，总氮符合Ⅳ类或Ⅴ类水标
准，总磷在 5 月和 6 月符合Ⅳ类水标准。

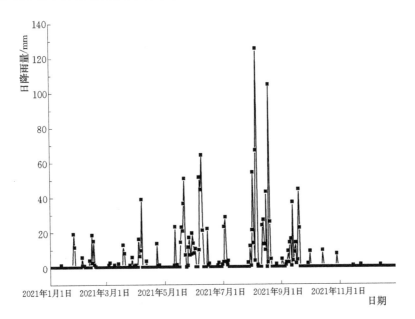

图 8-1　清林径水库降水量数据

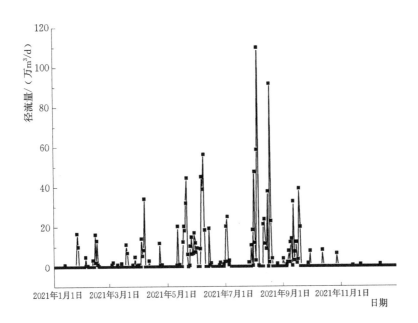

图 8-2　清林径水库径流量数据

表 8-1　　　　　　　　　　　清林径初始水质及水质边界条件

项目		TN/（mg/L）	TP/（mg/L）	COD_Mn/（mg/L）	水质类别
初始条件		0.42	0.010	0.84	Ⅱ类
地表径流	汛期（4—9月）	1.28	0.210	33.90	劣Ⅴ类
	非汛期	0.99	0.017	11.09	Ⅴ类
调水水质	5月	1.87	0.085	2.36	Ⅴ类
	6月	1.58	0.087	5.48	Ⅴ类
	7月	1.27	0.024	1.22	Ⅳ类
	8月	1.53	0.017	1.80	Ⅴ类

8.1.2　清林径水库水位及水动力变化过程

　　蓄水过程水位的变化如图 8-3 所示。每年 5—8 月，东江来水导致水位上涨，其他月份由于向猫仔岭水厂供水而水位稍有下降。根据模型计算结果，在年调水量 3690 万 m^3 的情况下，清林径水库在蓄水第 5 年年末库区水位为 78.96m，基本完成蓄水任务。

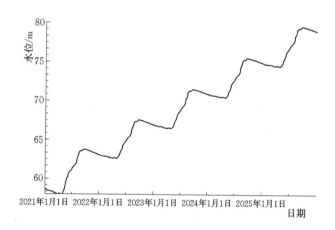

图 8-3　蓄水过程水位的变化

　　为了更清晰展示蓄水过程中清林径水库流速的分布情况，这里采用二维模型结果进行展示，结果如图 8-4 所示。从流速的分布来看，由于向猫仔岭水厂供水的原因，无论进水期间或非进水期间，取水口附近流速均大于其他水域，但影响范围十分有限。例如 2021 年 8 月 1 日（进水期间），在距离取水口约 250m 处流速约为 0.010m/s，在距离取水口约 500m 处其水平流速约为 0.001m/s。2021 年 10 月 28 日（非进水期间），在距离取水口约 250m 处其水平流速约为 0.004m/s，在距离取水口约 500m 处其水平流速约为 0.001m/s。

　　从 3 个特征点（分别为取水口、距离取水口 250m 和 500m）流速随时间变化来看

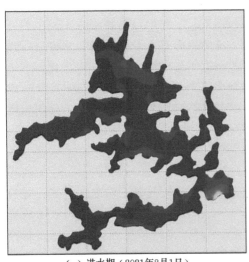
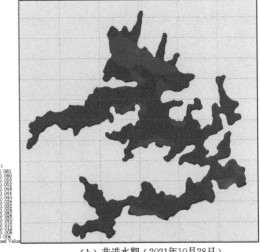

（a）进水期（2021年8月1日）　　　　　　（b）非进水期（2021年10月28日）

图 8-4　进水期（a）与非进水期（b）流速分布情况

（图 8-5），随着清林径水位的逐渐上涨，水量逐渐增大，调水入库或出库对取水口附近水体流速的影响逐渐减小。第 1 年刚开始蓄水时，取水口附近水平流速最大约为 0.080m/s，到第 1 年蓄水期末，取水口附近流速降低至约 0.021m/s。至第 5 年蓄水期末，清林径水位达到设计水位时，取水口附近流速约为 0.008m/s。非进水期间，随着水库中水量的增加，取水口附近流速也表现出相似的规律，取水口附近流速从蓄水前 0.027m/s 左右降低至蓄满后 0.005m/s。

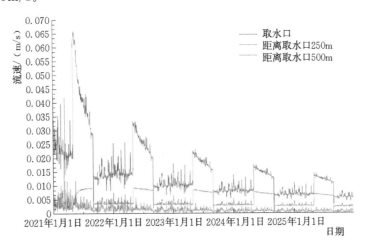

图 8-5　特征点流速随时间变化情况

8.1.3　清林径水库水质变化过程

由于外调水水质明显劣于清林径现状水质，大量氮磷等污染物随着外调水进入水库，可以预见进水期水质将出现一定程度的恶化。停止进水后，清林径水库将发挥其自净功

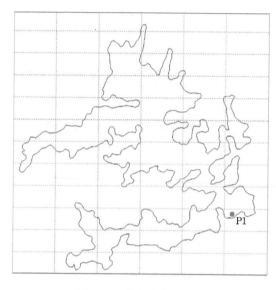

图 8-6 特征点位置示意图

能，部分污染物颗粒开始沉降，有机污染物开始被降解，水体中污染物将在空间上重新分配，并随水体自净过程污染物浓度有所降低，直至次年进水期，水质再次恶化。本小节在最受关注的取水口附近选取一特征点 P1，根据其污染物垂向平均浓度，分析库区水质变化过程，特征点具体位置如图 8-6 所示。

（1）溶解氧

特征点溶解氧垂向平均浓度的变化过程如图 8-7 所示。模型溶解氧初始浓度设置为 10mg/L，与实际情况相比偏高，因此很快调整到 6.5mg/L 左右。特征点 P1 随着外调水入库，取水口附近的水动力和水体掺混增强，大气复氧效果明显，溶解氧浓度升高至 8.2mg/L 左右，并在进水过程中小幅度缓慢下降至 7.5mg/L 左右。停止进水后，随着水动力条件减弱，溶解氧浓度迅速降低至 5.2mg/L 左右。进入秋冬季节后，太阳辐射减弱，水体垂向温差减小，大气复氧作用加强，水体溶解氧浓度升高至 7.0mg/L 左右。进入春季后，太阳辐射逐渐增强，水体垂向掺混减弱，溶解氧浓度小幅度下降至 6.1mg/L 左右。随后 4 年溶解氧浓度的变化重复上述过程。但随着库区水深的增加，相同的进水量引起的水动力和溶解氧浓度增量在逐渐减小。在蓄水最后一年，进水期进水口附近溶解氧浓度最高为 7.04mg/L，停止蓄水后溶解氧浓度最低为 4.15mg/L 左右。整体来看，在蓄水的 5 年期间，清林径水库中溶解氧含量相对较高，有利于污染物的降解；但随着水动力条件减弱，溶解氧浓度有逐年降低的趋势。

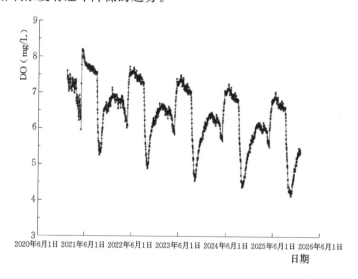

图 8-7 蓄水过程特征点溶解氧浓度的变化

（2）总氮

特征点总氮垂向平均浓度的变化过程如图 8－8 所示。模型总氮初始浓度设置为 0.42mg/L，1 月至 4 月因为水库的自净作用，降低至 0.36mg/L 左右。随着外调水入库，大量含氮污染物进入水库，取水口附近总氮浓度迅速升高至 1.01mg/L，符合Ⅳ类水标准。进水过程，污染物由于累积效应，浓度有小幅度增长。进水结束后，由于库区水体对污染物的稀释扩散作用，总氮浓度迅速降低至 0.30mg/L 左右；然后受降雨和微生物降解的影响，总氮浓度在波动中有小幅度下降，2021 年年末总氮浓度基本稳定在 0.25mg/L 左右，符合Ⅱ类水标准。随着库区水量的增加，相同进水量引起的总氮浓度增量在逐渐减小。在蓄水最后一年，进水期进水口附近总氮浓度最高为 0.71mg/L，符合Ⅲ类水标准；停止蓄水后总氮浓度稳定在 0.21mg/L 左右，符合Ⅱ类水标准。整体来看，在蓄水的 5 年期间，进水期间取水口附近总氮浓度符合Ⅲ类或Ⅳ类标准，非进水期间符合Ⅱ类水标准。

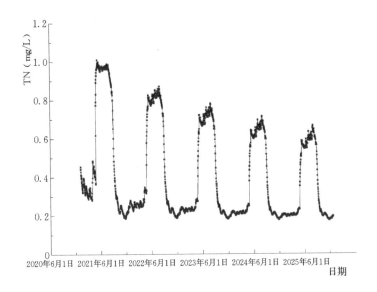

图 8－8　蓄水过程特征点总氮浓度的变化

（3）总磷

特征点总磷垂向平均浓度的变化过程如图 8－9 所示。模型总磷初始浓度设置为 0.01mg/L，1～3 月无进水，且降雨较少，总磷浓度一直维持在 0.01mg/L 左右。进入雨季，从 4 月开始，受降雨径流的影响（0.21mg/L），总磷浓度逐渐上升，在进水之前达到 0.06mg/L。5 月份开始进水，进水中总磷浓度为 0.085mg/L，因此特征点总磷浓度迅速上升至 0.11mg/L。由于 7～8 月份进水总磷浓度下降至 0.024～0.017mg/L，特征点总磷受到进水的稀释作用，总磷浓度迅速下降至 0.06mg/L 左右。9～10 月份受降雨径流的影响，总磷浓度又上升至 0.09mg/L。随着雨季过去，次年 3 月末总磷浓度达到最低，约为 0.03mg/L。总体来看，总磷浓度主要受外调水和降雨的影响。进水期大部分时间，特征点总磷浓度整体符合Ⅳ类标准，是主要超标污染物。

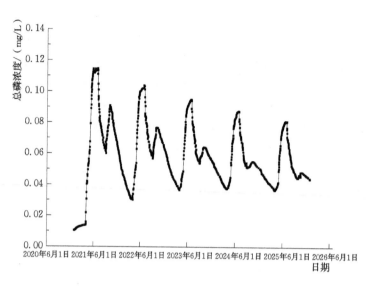

图 8-9 蓄水过程特征点总磷浓度的变化

（4）化学需氧量

特征点化学需氧量垂向平均浓度的变化过程如图 8-10 所示。模型化学需氧量初始浓度设置为 0.84mg/L，符合 I 类水标准。受进水和降雨的影响，6 月份达到其最高浓度，约为 8.32mg/L，符合 IV 类水标准。进水期 7～8 月份，外调水中化学需氧量浓度相对较低，特征点在进水期末化学需氧量浓度降低至 4.76mg/L，符合 III 类水标准。进水结束后在污染物稀释、沉降作用下，特征点化学需氧量浓度迅速下降至 2.27mg/L 左右，符合 II 类水标准。随后特征点化学需氧量浓度在生物降解作用下有小幅度下降。随着库区水量的增加，相同进水量引起的化学需氧量浓度增量在逐渐减小。在蓄水最后一年年末，化学需氧量浓度稳定在 0.32mg/L 左右，符合 I 类水标准。

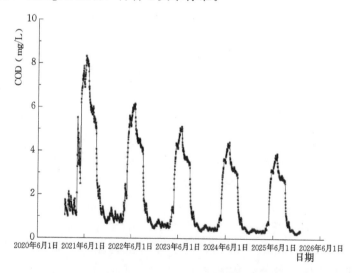

图 8-10 蓄水过程特征点化学需氧量浓度的变化

8.1.4 水质平面分布特征

根据模型计算结果，各水质指标的平面分布特征与是否有外调水入库密切相关，下面将分析 2025 年进水期和非进水期溶解氧及 3 种污染物垂向平均浓度的水平分布特征。

（1）溶解氧

图 8-11 给出了进水期（2025 年 7 月 1 日）和非进水期（2025 年 12 月 30 日）溶解氧垂向平均浓度的水平分布情况。2025 年 7 月 1 日清林径水库溶解氧浓度的变化范围为 6.71～8.85mg/L，进水口附近水动力相对较强，溶解氧浓度最高；各支流库弯受地形条件影响，水动力非常弱，溶解氧浓度较低。2025 年 12 月 30 日清林径水库溶解氧浓度的变化范围为 7.93～8.48mg/L，在水平面上的分布相对均匀。

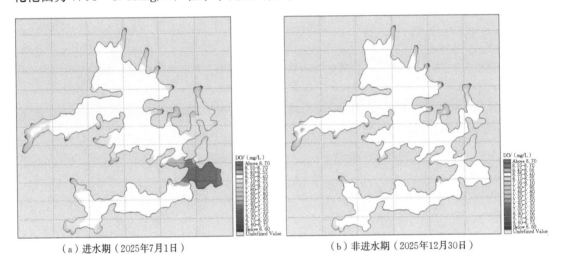

（a）进水期（2025年7月1日）　　　　　（b）非进水期（2025年12月30日）

图 8-11　清林径水库溶解氧在（a）进水期（2025 年 7 月 1 日）和
（b）非进水期（2025 年 12 月 30 日）的平面分布图

（2）总氮

图 8-12 给出了进水期（2025 年 7 月 1 日）和非进水期（2025 年 12 月 30 日）总氮垂向平均浓度的水平分布情况。2025 年 7 月 1 日清林径水库总氮浓度的变化范围为 0.15～0.67mg/L，由于入库的外调中水总氮浓度较高，因此进水口附近总氮浓度最高，随着污染物的扩散，总氮浓度的水平分布整体表现为自下游至上游逐渐降低的趋势，尤其是部分支流库弯，受外调水影响较小，总氮浓度相对最低。停止进水 4 个月后，2025 年 12 月 30 日清林径水库总氮浓度的变化范围为 0.13～0.37mg/L，在水平面上的分布依然表现为自下游至上游逐渐降低，尤其是支流库湾中总氮浓度最低。

（3）总磷

图 8-13 给出了进水期（2025 年 7 月 1 日）和非进水期（2025 年 12 月 30 日）总磷垂向平均浓度的水平分布情况。2025 年 7 月 1 日清林径水库总磷浓度的变化范围为 0.04～0.14mg/L。由于 6 月份入库的外调中水总磷浓度较高，因此进水口附近总磷浓度最高，水平分布整体表现为自下游至上游逐渐降低。但部分支流库湾可能受地表径流影响较大，

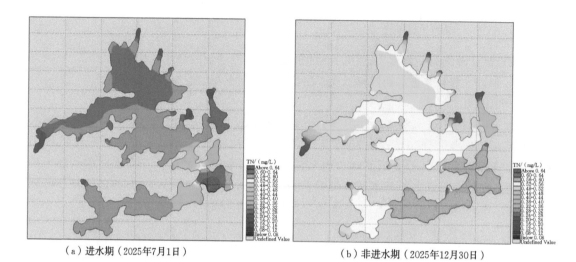

（a）进水期（2025年7月1日）　　　　　　　　（b）非进水期（2025年12月30日）

图 8-12　清林径水库总氮浓度在（a）进水期（2025 年 7 月 1 日）和（b）非进水期
（2025 年 12 月 30 日）的平面分布图

总磷浓度相对较高。2025 年 12 月 30 日清林径水库总磷浓度在 0.04 左右 mg/L，在水平面上的分布相对均匀。

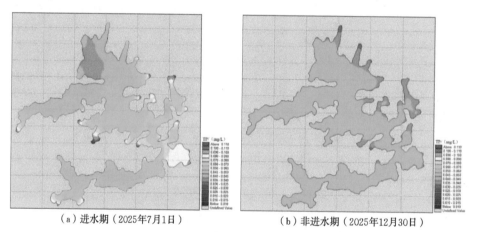

（a）进水期（2025年7月1日）　　　　　　　　（b）非进水期（2025年12月30日）

图 8-13　清林径水库总磷浓度在（a）进水期（2025 年 7 月 1 日）和
（b）非进水期（2025 年 12 月 30 日）的平面分布图

（4）化学需氧量

图 8-14 给出了进水期（2025 年 7 月 1 日）和非进水期（2025 年 12 月 30 日）化学需氧量垂向平均浓度的水平分布情况。2025 年 7 月 1 日清林径水库化学需氧量浓度的变化范围为 0.56～8.21mg/L。由于 6 月份入库的外调中水化学需氧量浓度较高，因此进水口附近化学需氧量浓度最高，水平分布整体表现为自下游至上游逐渐降低。但部分支流库湾可能受地表径流影响较大，化学需氧量浓度相对较高。2025 年 12 月 29 日清林径水库化学需氧量浓度变化范围为 0.44～5.07mg/L，库区上游浓度相对较低。

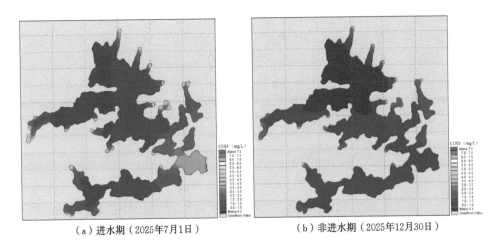

（a）进水期（2025年7月1日）　　　　　　（b）非进水期（2025年12月30日）

图 8-14　清林径水库化学需氧量浓度在（a）进水期（2025 年 7 月 1 日）和
（b）非进水期（2025 年 12 月 30 日）的平面分布图

8.1.5　水质垂向布特征

　　清林径水库是一座具有供水功能的水库，平日通过 2 号隧洞向猫仔岭水厂供水，取水口附近水质的垂向分布特征与取水水质密切相关，因此在取水口附近选择一特征点（图 8-6），详细分析其水质垂向分布特征。

（1）溶解氧

　　图 8-15 展示了 2025 年 7 月 1 日（进水期）和 2025 年 12 月 30 日（非进水期），取水口附近特征点溶解氧浓度的垂向分布情况。进水期间，富含溶解氧的外调水（10mg/L）

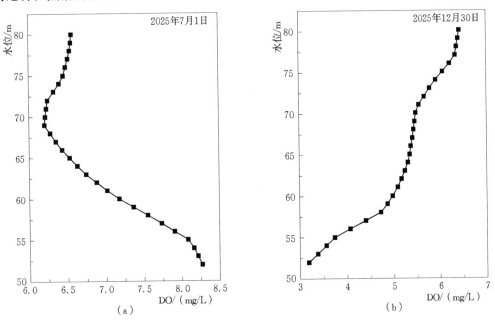

图 8-15　特征点在进水期（a）和非进水期（b）溶解氧浓度垂分布图

自底部进入水库，导致取水口附近底部水体溶解氧浓度最高，约为 8.26mg/L；表层水体由于大气复氧的作用，溶解氧浓度也相对较高，约为 6.56mg/L；中层水体溶解氧浓度相对最低，约为 6.20mg/L，均符合Ⅱ类水标准。在非进水期间，溶解氧浓度的垂向分布呈现出自表层至底层逐渐降低的规律。在表层 4m 以内的水体，其溶解氧浓度较为接近，均在 6.31mg/L 以上；水深 5m～23m 范围内的水体溶解氧浓度逐渐降低至 4.74mg/L；水深 23m 以下水体中溶解氧浓度迅速降低，最底层溶解氧浓度约为 3.30mg/L，符合Ⅳ类水标准。

（2）总氮

图 8-16 展示了 2025 年 7 月 1 日（进水期）和 2025 年 12 月 30 日（非进水期），取水口附近特征点总氮浓度的垂向分布情况。进水期间，富含氮的外调水（总氮浓度为 1.27～1.87mg/L，其中硝酸盐氮占 70.25%～79.09%）自底部进入水库，导致取水口附近底部水体总氮浓度最高，约为 1.00mg/L，符合Ⅲ类水标准；由于污染物扩散作用，总氮浓度自下而上逐渐降低，在水深 10m 左右总氮浓度下降至 0.45mg/L，符合Ⅱ类水标准；表层 10m 以内的水体，总氮浓度较为稳定，维持在 0.45～0.46mg/L，符合Ⅱ类水标准。在非进水期间，总氮浓度在表层 4m 水深内分布相对均匀，且浓度较高，约为 0.23mg/L；在水深 5m～9m 范围内，总氮浓度逐渐降低至 0.19mg/L；水深 10m 以下范围内总氮浓度相对稳定，在 0.18～0.19mg/L 范围内变动，但均符合Ⅱ类水标准。

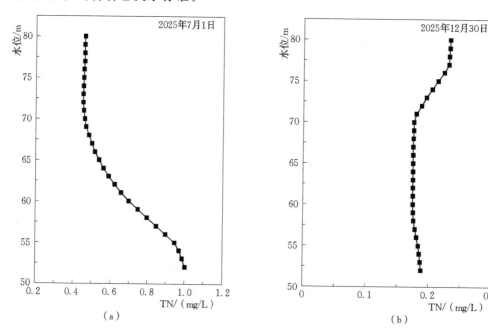

图 8-16　特征点在进水期（a）和非进水期（b）总氮浓度垂分布图

（3）总磷

图 8-17 展示了 2025 年 7 月 1 日（进水期）和 2025 年 12 月 30 日（非进水期），取水口附近特征点总磷浓度的垂向分布情况。进水期间，富含磷的外调水自底部进入水库，导致取水口附近底部水体总磷浓度较高，约为 0.08mg/L，劣于Ⅲ类水标准。表层水体总磷

浓度相对较低，约为 0.06mg/L，劣于Ⅲ类水标准。非进水期间总磷在垂向上分布相对均匀，约为 0.04mg/L，符合Ⅲ类水标准。

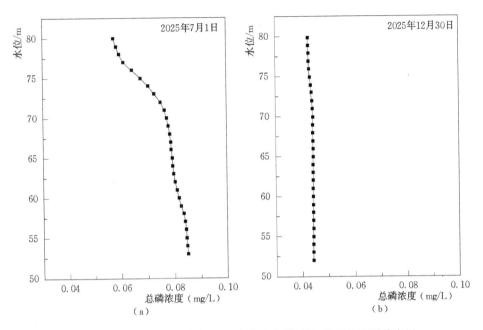

图 8-17　特征点在进水期（a）和非进水期（b）总磷浓度垂分布图

（4）化学需氧量

图 8-18 展示了 2025 年 7 月 1 日（进水期）和 2025 年 12 月 30 日（非进水期），取水口附近特征点化学需氧量浓度的垂向分布情况。由于外调水中化学需氧量浓度较低，基本符

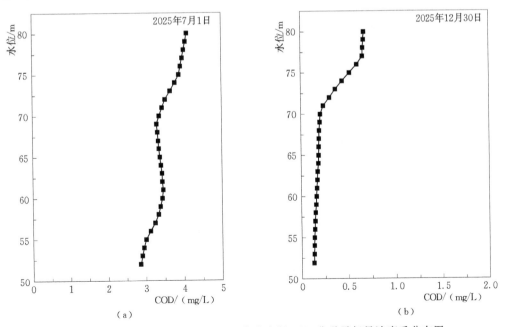

图 8-18　特征点在进水期（a）和非进水期（b）化学需氧量浓度垂分布图

合Ⅰ类或Ⅱ类水标准。2025 年 7 月 1 日清林径水体化学需氧量的分布可能更主要受降水和地表径流的影响，表现为表层化学需氧量相对较高，但整体上均符合Ⅱ类水标准。在非进水期间，化学需氧量在垂向上分布相对均匀，变化范围为 0.08～0.68mg/L，均符合Ⅰ类水标准。

8.2 正常运行期水温分层预测

水温是影响水体物理、化学和生物过程的重要指标。温跃层的存在会阻碍水库上下层水体的物质和能量交换，从而导致水库下层水体溶解氧含量难以补充，沉积物中耗氧反应的进行会使下层水体逐渐演化为缺氧或厌氧区，进而诱发底部沉积物释放铁、锰、氨氮等物质，影响水质。因此探明清林径水库蓄满之后常水位运行阶段水温的分布规律，有利于进一步了解其水质变化特征，指导分层取水。

蓄满后常水位运行工况中仅考虑了降水及蒸散发，蓄满后出库和入库水量相对较小，对库区整体水动力及水温分布的影响较小，因此该工况未考虑调水入库或出库。输入数据包括 2020 年黄龙湖气象监测站日降水量数据、风速和风向逐日数据、气温逐小时数据，以上数据均来自深圳市气象局官方网站。模型采用 2020 年 1 月至 2021 年 3 月的气象数据进行计算，其中 2020 年 1 月至 3 月为模型预热期。

8.2.1 季节变化特征

一般来说，表层水体的温度受气象条件影响较大，进入表层水体的热量会通过水体运输往下层水体传递，底层水温的变化更主要受库区水体混合特征的影响。图 8-19 给出了中心水域表层和底层水体月平均水温的变化。表层水温最低为 20.4℃，出现在 2 月份；随后表层水温逐渐升高，至 9 月份达到最高，约为 29.6℃。底层水温最低也出现在 2 月份，为 19.8℃，随后底层水温逐渐上升，至 10 月份达到最高，约为 27.5℃。底层水体温度在升至最高的过程中，比表层水体滞后 1 个月。

（a）特征点位置

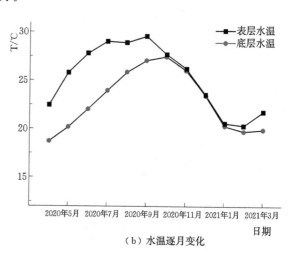

（b）水温逐月变化

图 8-19 特征点位置（a）及其水温逐月变化（b）

从表层和底层水体温差来看，冬季（10 月至次年 2 月）表层和底层温差小于 0.6℃，上下层水体为混合状态。库区水体从 3 月份开始，表层水温随着气温的升高和太阳辐射的迅速增强而逐渐升高。底层水温由于水体传热较慢，温升较小，表层与底层水温差开始增大，至 4 月份表层和底层温差达到 3.7℃，垂向上可能存在温跃层。5 月至 7 月表层和底层温差进一步增大至 5.8℃，平均温度梯度为 0.2℃/m，形成明显的温跃层。8 月至 9 月，随着气温的逐渐降低，表层水体温升幅度减小，表层和底层温差减小至 2.5℃。10 月份随着气温的迅速降低，表层水温随之降低，上下层水体混合，垂向上水温较为均匀，分层现象消失。

8.2.2 水平分布特征

图 8-20 给出了 2020 年 7 月 1 日和 2021 年 1 月 1 日表层、中层、底层水温的水平分布情况。从图中可以看出，夏季表层水体温度变化范围为 28.5～29.8℃，最大温差为 1.3℃，水平分布表现为自上游至下游逐渐降低。夏季中层水温变化范围为 23.4～25.1℃，最大温差为 1.7℃，水平分布表现为自水库边缘向中心逐渐降低。由于模型网格为 Sigma 均分 10 层，即不同位置均根据水深均分为 10 层，每层深度为水深的十分之一。水深较浅的边缘位置，中层水深也较浅，因此水温相对较高。夏季底层水温的变化范围为 23.0～23.5℃，最大温仅差为 0.5℃，水平分布表现为水温自水库边缘向中心逐渐降低，同时原黄龙湖库区稍高于原清林径库区。

从图中可以看出，冬季表层水体温度变化范围为 21.1～21.5℃，最大温差为 0.4℃，水平分布表现为水温自上游至下游逐渐升高，且原黄龙湖库区稍高于原清林径库区。冬季中层水温变化范围为 21.0～21.4℃，最大温差为 0.4℃，水平分布规律与表层水体相一致，表现为自水库边缘向中心逐渐升高，原黄龙湖库区稍高于原清林径库区。冬季底层水温分布与中层水体相比，基本无变化，水温范围为 21.0～21.4℃，最大温差为 0.4℃。比较冬季表层、中层、底层水温，基本无温差。

从模拟结果可以看出，在不考虑调水进出库的情况下，夏季和冬季库区水温的水平分布特征有明显差异。夏季水平温差相对较大，上游支流明显高于下游取水口；冬季水平温差较小，上游支流明显低于下游取水口。这主要是因为夏季水体接受太阳辐射水温升高，上游支流水深较浅，温升明显；冬季水体向环境散热，上游支流由于水深较浅，降温也更为明显。

8.2.3 水温垂向分布特征

清林径水库是一座具有供水功能的水库，平日通过 2 号隧洞向猫仔岭水厂供水，取水口附近水温的垂向分布特征与取水水质密切相关，因此在取水口附近选择一特征点（图 8-6），详细分析其水温垂向分布特征。

提取特征点水温数据，计算其月平均水温及其温度梯度的垂向分布情况，具体如图 8-21 所示。冬季 12 月份平均水温在垂向上的变化范围为 23.46～23.57℃，表底温差为 0.11℃，最大温度梯度为 0.01℃/m。1 月份平均水温进一步降低，在垂向上的变化范围为 20.31～20.59℃，表底温差为 0.28℃，最大温度梯度为 0.04℃/m。随着气温的

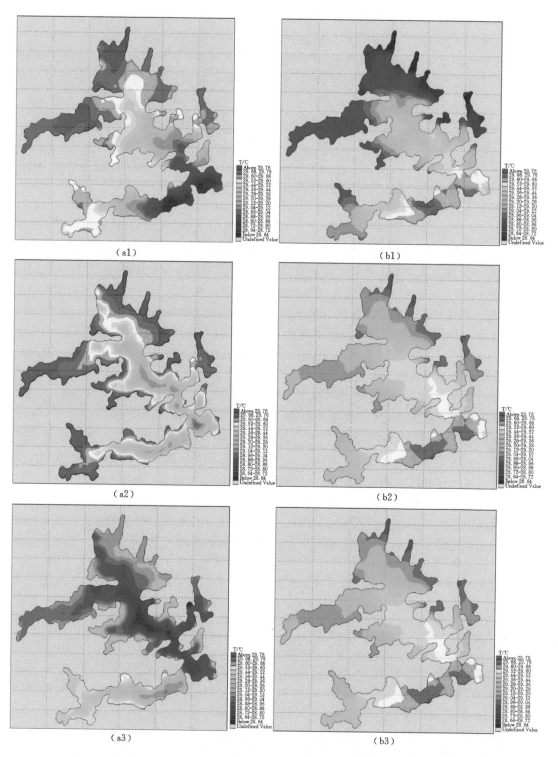

图 8-20　夏季和冬季水温的水平分布（a1-a3：7 月 1 日表层、中层、底层水温；

b1-b3：1 月 1 日表层、中层、底层水温）

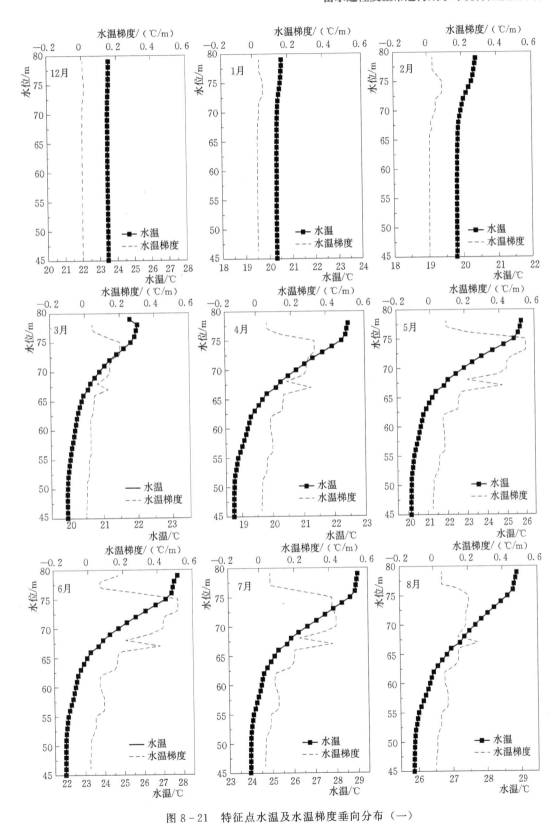

图 8-21 特征点水温及水温梯度垂向分布（一）

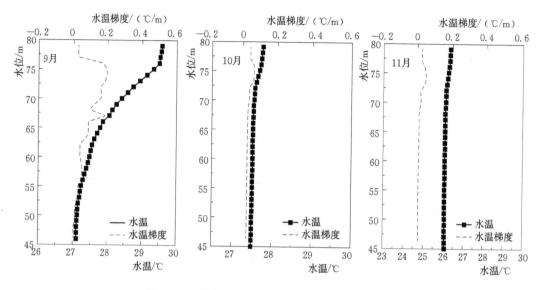

图 8-21　特征点水温及温度梯度垂向分布（二）

进一步降低，表层水体继续向空气中散发热量，2 月份平均水温在垂向上的变化范围为 19.79～20.37℃，表底温差为 0.58℃，最大温度梯度为 0.08℃/m。通常认为温度梯度大于 0.2℃/m 才会形成温跃层，影响水体中物质、能量的垂向交换。由此可见，冬季取水口附近基本处于上下掺混状态，无水温分层现象。但由于冬季表层水体散热相对较快，底层水体热量传导相对较慢，导致表层水体温度降低幅度大于底层水体，从 12 月至次年 2 月，水体表底温差及温度梯度逐渐增大，但未形成温跃层。

春季气温开始回升，表层水温也逐渐升高，而深层水体由于水的透光性差，热传导慢，温度上升相对较慢，导致水库垂向水温开始分层。3 月份平均水温在垂向上的变化范围为 19.96～21.79℃，表底温差为 1.84℃；温度梯度的变化范围为 -0.24～0.20℃/m。3 月份表层水体有一个逆温层，除此之外，在水深 5～8m，开始形成了一个温度梯度为 0.2℃/m 的温跃层。4 月份平均水温在垂向上的变化范围为 18.75～22.47℃，表底温差为 3.72℃，温度梯度最大为 0.31℃/m，并在水深 5～12m 范围内形成了温跃层。5 月份平均水温在垂向上的变化范围为 20.19～25.83℃，表底温差为 5.64℃，温度梯度最大为 0.55℃/m，并在水深 4～14m 范围内形成了较为稳定的温跃层。

夏季 6～7 月，气温与太阳辐射热量持续增加，水库表层水温持续升高，在水深 4～14m 的范围内形成了稳定的温跃层。其中 6 月份平均水温在垂向上的变化范围为 22.03～27.78℃，表底温差为 5.75℃，温度梯度最大为 0.52℃/m；7 月份平均水温在垂向上的变化范围为 23.97～29.02℃，表底温差为 5.06℃，温度梯度最大为 0.42℃/m。

8～9 月为雨季，其中 2020 年 8 月份中 20 天有降雨，最大日降雨量为 106.2mm，最长连续降雨 11 天；9 月份中 18 天有降雨，最长连续降雨天数为 9 天。由于经常、大量降雨的掺混作用，使 8 月和 9 月的温跃层无法持续、稳定存在，温跃层开始消散。根据模拟结果，8 月份平均水温在垂向上的变化范围为 25.87～28.89℃，表底温差为 3.02℃，温度梯度最大为 0.25℃/m，仅在水深 13～14m 范围内形成厚度约为 1m 的温跃层。9 月份平均水温在垂向上的变化范围为 27.10～29.58℃，表底温差为 2.48℃，温度梯度最大为 0.20℃/m，在水深 5～7m 范围内形成厚度约为 2m 的温跃层。

秋季气温逐渐降低，表层水体向外辐射热量，水温随之降低，与底层的温度差异逐渐减小，水温分层消失。其中 10 月份平均水温在垂向上的变化范围为 27.50～27.77℃，表底温差为 0.27℃，温度梯度最大为 0.04℃/m，无温度分层。11 月份平均水温在垂向上的变化范围为 26.06～26.31℃，表底温差为 0.25℃，温度梯度最大为 0.04℃/m，垂向温度不分层。

总体来看，清林径水库在常水位运行期间为季节性分层水库。其中 10 月至次年 2 月，由于气温低，表层水体温度降低，与底层水温基本一致，为混合期。3 月份表层水体吸收太阳辐射热量水温逐渐增加，表底温差逐渐增大，垂向水温开始分层，为分层形成期。4 月至 7 月由于底层水体升温慢，表层和底层水体存在稳定的温度差，为稳定分层期，温跃层主要位于水深 4～14m 范围内。8 月至 9 月由于持续降雨和气温逐渐降低的影响，温跃层无法持续、稳定存在，为分层减弱期。

8.3　运行调度对库区水质的影响

根据《深圳市城市供水水源规划（2020—2035 年）》，至 2025 年深圳市将形成东西江双水源供给，东西江双水源互通，供水水厂双水源、水量水质双安全、公明清林径双调蓄的供水格局。在不考虑应急供水的情况下，与清林径相关的 5 座供水水厂（苗坑水厂、坂雪岗水厂、猫仔岭水厂、坪地水厂、南坑水厂）在正常供水期直接由东深或东江水源工程供水；在境外水源工程检修期（通常为 3 月），由清林径水库供水，满足各水厂需求；并在次年汛期（5～9 月份）向清林径补充检修期消耗的水量。考虑到深圳市水资源紧缺，本研究将水库置换水量与检修期向水厂供水水量相结合，利用 3 维水质模型，分析清林径水库在正常运行调度情况下，置换水量对库区水质的影响，为水库科学运行调度提供依据。

8.3.1　工况设置

模型计算时间为 2026 年 1 月 1 日至 2027 年 3 月 31 日。初始水位为 79m；气象条件采用 2020 年实测数据，蒸发量采用多年平均值 3.6mm/d；除总磷外，初始水质为蓄水期水质模拟中 2025 年 12 月 31 日取水口、库心及库区上游 3 个特征点的垂向平均值；总磷浓度按 Ⅱ 类水标准 0.025mg/L 设定；地表径流水质依据该工程环评报告给定；东深供水工程水质为 2018 年和 2019 年相应月份实测水质的平均值；东江水源工程供水水质为 2017 年相应月份实测数据。

为了考虑不同置换水量对库区水质的影响，共设计两个工况。根据《深圳市城市供水水源规划（2020—2035 年）》中 2025 年的水资源配置，苗坑水厂、坂雪岗水厂、猫仔岭水厂、坪地水厂、南坑水厂等 5 个水厂的供水规模分别为 7.12 万 m³/d、12.60 万 m³/d、27.56 万 m³/d、8.33 万 m³/d、14.81 万 m³/d，合计 70.42 万 m³/d；

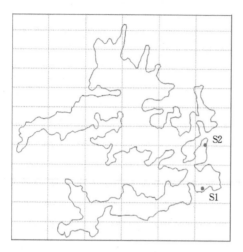

图 8-22 模型中 2 号隧洞（S1）和
3 号隧洞（S3）位置示意图

东深供水工程每年汛期向清林径供水 1307 万 m³，主要用于工程检修期供给苗坑水厂、坂雪岗水厂和南坑水厂，供水时长分别为 55 天、35 天和 84 天；东部水源工程每年汛期向清林径供水 2088 万 m³，主要用于工程检修期供给猫仔岭和坪地水厂，供水时长分别为 37 天和 34 天。清林径每年置换水量 3395 万 m³，占清林径正常库容的 19.62%。东深供水和东江水源工程分别通过 2 号隧洞和 3 号隧洞向清林径供水，清林径也是通过这两个隧洞向水厂供水，具体位置如图 8-22 所示。

根据清林径实际情况，境外水源工程检修期为每年 3 月份，清林径水库只能在汛期（5～9 月份）蓄水，结合龙口～清林径和东部～清林径输水工程的规模，设计了工况一，水库调度具体情况如图 8-23 所示。1 月 13 日至 2 月 10 日，清林径水库通过 2 号隧洞向南坑水厂供水，供水规模为 14.81 万 m³/d；2 月 11 日至 28 日，清林径水库通过 2 号隧洞向南坑、苗坑水厂供水，供水规模合计为 21.93 万 m³/d；3 月 1 日至 4 月 3 日，清林径水库通过 2 号隧洞向南坑、苗坑、坂雪岗水厂供水，通过 3 号隧洞向猫仔岭、坪地水厂供水，2 号和 3 号隧洞的供水规模分别为 34.53 万 m³/d 和 35.89 万 m³/d；4 月 4 日至 4 月 6 日，停止向坂雪岗和坪地水厂供水，2 号和 3 号隧洞的供水规模分别为 21.93 万 m³/d 和 27.56 万 m³/d。东深供水工程自 6 月 29 日至 7 月 31 日向清林径供水，供水规模为 39.61 万 m³/d；东江水源工程自 5 月 23 日至 7 月 31 日向清林径供水，供水规模为 29.83 万 m³/d。

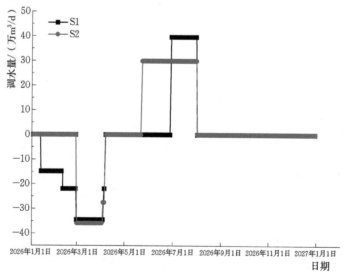

图 8-23 工况一 2 号隧洞和 3 号隧洞出水进情况

工况一中清林径向各水厂供水时长为 34～84 天，置换水量相对较多，占清林径水库正常库容的 19.62%。工况二考虑最低置换水量，清林径水库仅在 3 月 1 日至 31 日向各水厂供水，置换水量 2183 万 m³，占清林径水库正常库容的 12.62%。水库调度具体情况如图 8-24 所示。3 月 1 日至 31 日，清林径水库通过 2 号隧洞向苗坑水厂、坂雪岗水厂、南坑水厂供水，供水规模合计为 34.53 万 m³/d；通过 3 号隧洞向猫仔岭水厂和坪地水厂供水，供水规模合计为 35.89 万 m³/d。东江水源工程自 7 月 1 日至 31 日向清林径供水，供水规模为 34.53 万 m³/d；东江水源工程自 6 月 22 日至 7 月 31 日向清林径供水，供水规模为 27.82 万 m³/d。

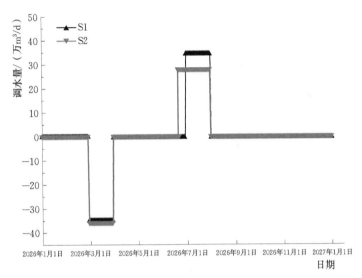

图 8-24　工况二 2 号隧洞和 3 号隧洞出水进情况

8.3.2　水位及水动力变化过程

（1）工况一

工况一 2026 年 1 月 1 日至 2027 年 3 月 31 日水位变化过程如图 8-25 所示。由于 1 月为旱季，基本无降雨，1 月 1 日至 1 月 12 日水位由 79.00m 缓慢下降至 78.95m，水位下降速率平均为 4.17mm/d；随后自 1 月 13 日至 2 月 28 日通过 2 号隧洞逐步向南坑水厂和苗坑水厂供水，水位下降至 77.83m，平均下降速率为 24.89mm/d；自 3 月 1 日至 4 月 6 日清林径水库通过 2 号和 3 号隧洞同时向 5 个水厂工厂，供水过程结束时库区水位约为 75.29m，3 月份水位平均下降速度为 68.65mm/d。4 月 7 日至 5 月 22 日，水库无调水，库区水位缓慢下降至 75.23m，水位下降速率平均为 1.30mm/d；自 5 月 23 日至 7 月 31 日清林径水库逐步通过 3 号隧洞和 2 号隧洞蓄水，水位上涨至 79.46m，平均上涨速率为 60.43mm/d。停止蓄水后，随着雨季的到来，至 9 月 20 日库区水位达到最高，约为 80.62m；雨季过后水位缓慢下降，至 12 月 31 日库区水位约为 80.30m，比年初高 1.30m。模型降雨量与蒸发量基本相平衡（年降雨量约为 1533mm，年蒸发量约为 1314mm），水库蓄水量与供水量基本平衡，入库径流量约为 1340 万 m³，按水库面积 10.53km² 计算，入库径流量可折算为 1.27m，与库区水位年变化量基本一致。清林径水库设计常水位为 79.00m，设计洪水位为 80.47m，工况一条件下 9 月 15 日至 11 月 13 日库区水位存在超过设计洪水位的问题。

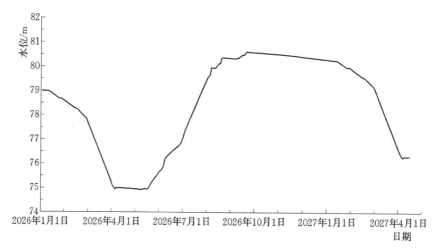

图 8-25　工况一水位变化过程

为了更清晰展示调度过程中清林径水库流速的分布情况，这里采用二维模型结果进行展示，结果如图 8-26 所示。清林径水库在供水期间，2 号隧洞附近流速最大，影响范围约为整个库湾；3 号隧洞附近流速相对较小，受地形影响水动力影响范围有限；库区上游流速最低；大部分水域流速小于 0.003m/s。清林径水库蓄水期间，流速整体小于供水期，但流速平面分布特征与供水期相一致，2 号隧洞附近流速最大，3 号隧洞附近流速次之，库区其他水域流速大多低于 0.002m/s。

（2）工况二

工况二 2026 年 1 月 1 日至 2027 年 3 月 31 日水位变化过程如图 8-27 所示。1 月 1 日至 2 月 28 日水位由 79.00m 缓慢下降至 78.91m，水位下降速率平均为 1.53mm/d；3 月 1 日至 3 月 31 日，由于向外供水，水位迅速下降至 76.40m，水位下降速率平均为 80.97mm/d；随后深圳进入雨季，清林径水位于 6 月 21 日上升至 77.19m，水位上升速率平均为 9.41mm/d；6 月 22 日至 7 月 31 日，清林径水库开始蓄水，水位迅速上升至 79.66m，水位上升速率平均为 61.75mm/d；停止蓄水后，随着雨季的到来，至 9 月 20 日库区水位达到最高，约为 80.83m；雨季过后水位缓慢下降，至 12 月 31 日库区水位约为 80.51m，比年初高 1.51m。工况二条件下 8 月 19 日至次年 1 月 12 日库区水位存在超过设计洪水位的问题。

为了更清晰展示调度过程中清林径水库流速的分布情况，这里采用二维模型结果进行展示，结果如图 8-28 所示。清林径水库在供水期间，2 号隧洞附近流速最大，影响范围约为整个库湾；3 号隧洞附近流速相对较小，受地形影响水动力影响范围有限；库区上游流速最低；大部分水域流速小于 0.003m/s。清林径水库蓄水期间，流速整体小于供水期，但流速平面分布特征与供水期相一致，2 号隧洞附近流速最大，3 号隧洞附近流速次之，库区其他水域流速大多低于 0.002m/s。在非调水期间，清林径水库大部分水域流速小于 0.002m/s。

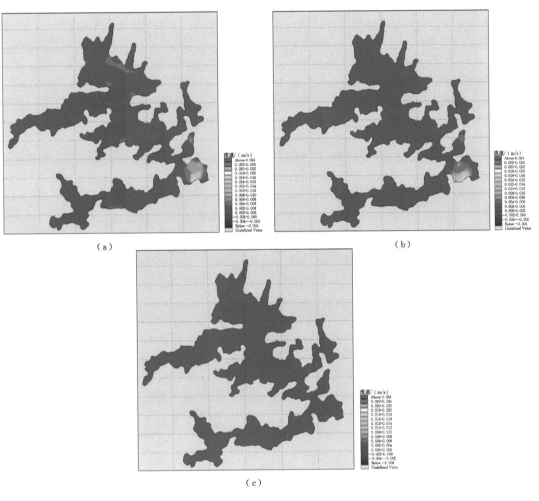

图 8-26 工况一供水期（a）、蓄水期（b）、非调水期（c）流场平面分布图

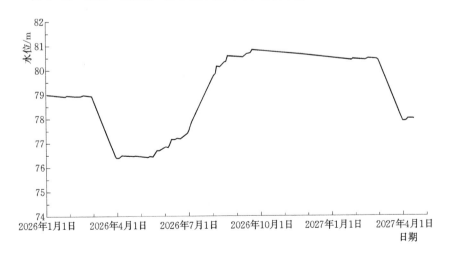

图 8-27 工况二水位变化过程

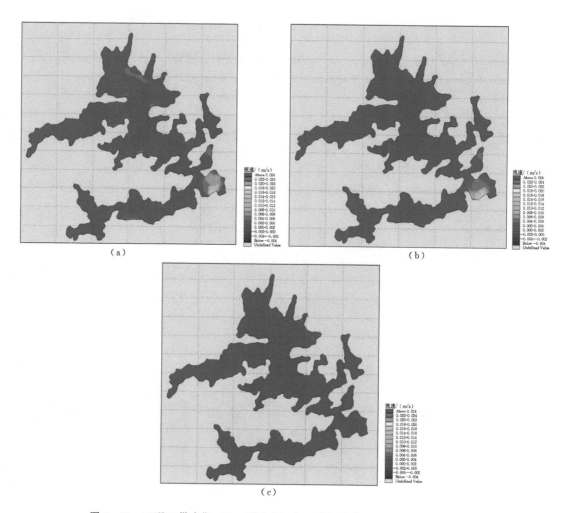

图 8-28 工况二供水期（a）、蓄水期（b）、非调水期（c）流场平面分布图

整体来看，工况一年置换水量为 3395 万 m^3，占清林径正常库容的 19.62%，供水时长 84 天，蓄水时长 70 天，总调度时长 154 天，占全年的 42.19%，年内水位变幅最大为 5.68m；工况二年置换水量 2183 万 m^3，占清林径水库正常库容的 12.62%，供水时长 31 天，蓄水时长 40 天，总调度时长 71 天，占全年的 19.45%，年内水位变幅最大为 4.44m。两种工况整体流速均表现为供水期大于蓄水期和非调度期间；供水期和蓄水期均表现为 2 号隧洞取水口附近流速大于 3 号隧洞，且通过 2 号隧洞调水能影响整个库湾的流速，3 号隧洞调水的影响范围相对有限；水库其他区域流速基本小于 0.003m/s。

8.3.3 清林径水库水质变化过程

本研究选取 2 号隧洞取水口附近（P1）、3 号隧洞取水口附近（P2）和库心水域（P3）为特征点，根据其污染物垂向平均浓度，分析取水口附近及水库整体水质变化过程，特征点具体位置如图 8-29 所示。

（1）溶解氧

工况一条件下特征点溶解氧垂向平均浓度的变化过程如图 8 - 30 所示。模型溶解氧初始浓度和外调水溶解氧浓度均为 6.00mg/L（地表水 Ⅱ 类标准）。特征点 P3 位于库区中心位置，代表不直接受进出口调水影响的大部分水域。受冬季水体温跃层消失，垂向掺混增强的影响，特征点 P3 水体溶解氧逐渐升高，同时受 3 月 1 日至 31 日向水厂供水的影响，3 月初溶解氧浓度达到年内最高值 7.23mg/L。然后随着夏季温跃层的形成，4—9月份特征点 P3 水体溶解氧逐渐降低，但 6—7 月份受外调水入库的影响，特征点 P3 溶解氧浓度波动幅度较大，至 9 月初达到溶解氧年内最低值 5.36mg/

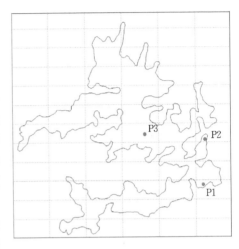

图 8 - 29　特征点位置示意图

L。随后温跃层消失，溶解氧浓度逐渐升高，12 月 31 日特征点 P3 垂向平均溶解氧浓度为 6.64mg/L。

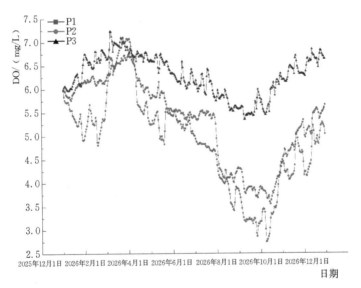

图 8 - 30　工况一特征点溶解氧浓度的变化过程

特征点 P1 位于东深供水工程 2 号隧洞附近，特征点 P2 位于东江水源工程 3 号隧洞附近。由于 P2 和 P3 位于库弯内，溶解氧浓度整体低于 P1，尤其是 8 月至 10 月中旬无调水且存在温跃层的阶段，溶解氧垂向平均浓度为 2.7～3.7mg/L，明显低于 P3。相对于 P3 而言，特征点 P1 和 P2 溶解氧浓度受调度影响更为明显，3 月份向水厂供水期间溶解氧浓度明显升高，6～7 月份外调水入库在一定程度上削弱了温跃层的影响，溶解氧浓度相对平稳。

工况二条件下特征点溶解氧垂向平均浓度的变化过程如图 8 - 31 所示。特征点 P3 年内溶解氧浓度变化范围为 5.37～7.18mg/L，特征点 P1 溶解氧浓度变化范围为 3.57～

6.62mg/L，特征点 P2 溶解氧浓度变化范围为 2.78～6.98mg/L，变化过程和规律与工况一基本一致。供水和蓄水过程均会导致隧洞口附近水域溶解氧浓度升高。

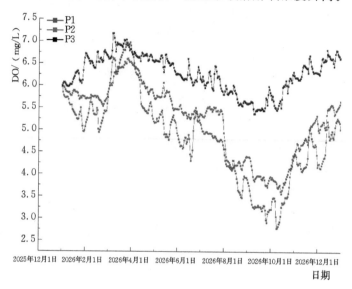

图 8-31 工况二特征点溶解氧浓度的变化过程

（2）总氮

工况一条件下特征点总氮垂向平均浓度的变化过程如图 8-32 所示。库心位置的特征点 P3 总氮浓度整体最低，变化范围为 0.12～0.37mg/L，均符合Ⅱ类水标准。自 1 月份至 5 月份，特征点 P3 总氮浓度相对平稳；6—7 月份特征点 P3 受外调水入库影响，总氮浓度缓慢上升；停止进水后，总氮稍有下降并趋于稳定；12 月 31 日总氮浓度为 0.24mg/L，比初始浓度高 20%。

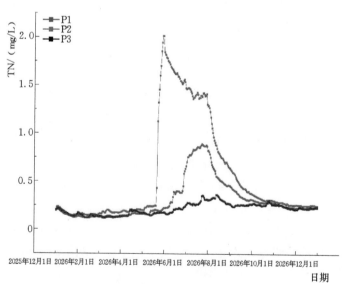

图 8-32 工况一特征点总氮浓度的变化过程

特征点 P1 和 P2 总氮浓度年内变化趋势与特征点 P3 类似，但受外调水影响更为明显。工况一中东江水源工程 3 号隧洞自 5 月 23 日开始进水，此时外调水中总氮浓度为 3.12mg/L，约为库区水体总氮浓度的 12.45 倍，导致特征点 P2 总氮浓度迅速增加，至 5 月 30 日达到年内最高浓度 2.02mg/L。6 月和 7 月东江水源工程来水中总氮浓度分别下降至 1.93mg/L 和 1.71mg/L，因此 6—7 月特征点 P2 总氮浓度缓慢下降 1.31mg/L。随着水库停止蓄水，特征点 P2 总氮浓度迅速下降并稳定在 0.25mg/L 左右。

特征点 P1 总氮浓度变化与 P2 类似，但东深来水中总氮浓度稍低，供水量低于东江水源工程，库区地形比特征点 P2 更为开阔，年内最高浓度低于特征点 P2，为 0.89mg/L，符合地表水Ⅲ类标准。

工况二条件下特征点总氮垂向平均浓度的变化过程如图 8-33 所示。特征点 P3 年内总氮浓度变化范围为 0.12～0.32mg/L，年内最高浓度比工况一（0.12～0.37mg/L）低 13.51%；特征点 P1 总氮浓度变化范围为 0.11～0.79mg/L，年内最高浓度比工况一（0.12～0.89mg/L）低 11.24%，年末总氮浓度为 0.21mg/L，比工况一（0.24mg/L）低 12.50%；特征点 P2 总氮浓度变化范围为 0.14～1.39mg/L，年内最高浓度比工况一（0.14～2.02mg/L）低 31.19%，年末总氮浓度为 0.23mg/L，比工况一（0.25mg/L）低 18.00%，变化过程和规律与工况一特征点 P2 基本一致。

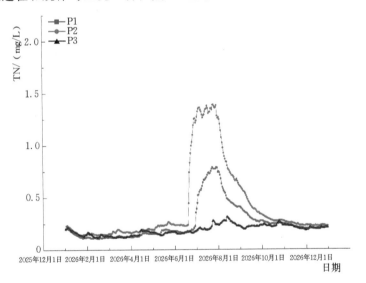

图 8-33　工况二特征点总氮浓度的变化过程

（3）总磷

工况一条件下特征点总磷垂向平均浓度的变化过程如图 8-34 所示。模型总磷初始浓度为 0.025mg/L，外调水总磷浓度为 0.024～0.036mg/L，地表径流总磷浓度非汛期为 0.017mg/L，汛期为 0.210mg/L。总体来看，汛期地表径流总磷浓度远高于库区初始浓度及外调水总磷浓度。

库心位置总磷浓度变化范围为 0.02～0.06mg/L，符合Ⅰ～Ⅲ类水标准。年内变

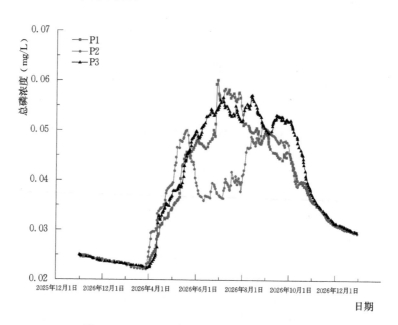

图8-34　工况一特征点总磷浓度的变化过程

化整体表现为汛期受地表径流影响浓度逐渐升高，非汛期总磷浓度逐渐降低。特征点P1年内变化过程与P3相似。特征点P2与库心位置相比，区别主要表现在5～7月蓄水期间。特征点P2在蓄水前受汛期地表径流的影响，总磷浓度上升至0.049mg/L，蓄水期间外调水浓度为0.032～0.036mg/L，受外调水稀释的影响，总磷浓度降低至0.04mg/L左右。停止蓄水后，受降雨径流的影响，总磷浓度有所升高，汛期过后总磷浓度迅速降低。年底3个特征点总磷浓度约为0.03mg/L左右，稍高于模型初始浓度。

工况二条件下特征点总磷垂向平均浓度的变化过程如图8-35所示，3个特征点总磷浓度变化过程和规律与工况一基本一致。年内3个特征点总磷浓度变化范围均为0.02～0.06mg/L，年末总磷浓度均为0.03mg/L左右，与工况一相一致。

（4）化学需氧量

工况一条件下特征点化学需氧量垂向平均浓度的变化过程如图8-36所示。模型化学需氧量初始浓度为0.32mg/L，外调水中化学需氧量浓度范围为1.22～1.40mg/L，均符合地表水Ⅰ类标准。

特征点P3化学需氧量整体呈下降趋势，浓度变化范围为0.05～0.36mg/L，均符合地表水Ⅰ类标准。特征点P2和P3化学需氧量浓度受蓄水过程影响明显，在7月初达到年内最高浓度，分别为0.90mg/L和1.01mg/L，停止蓄水后浓度迅速降低至0.20mg/L左右。年底3个特征点化学需氧量浓度分别为0.17mg/L，0.25mg/L和0.16mg/L，比初始浓度降低了22%～50%。

工况二条件下特征点化学需氧量垂向平均浓度的变化过程如图8-37所示。3个特征点化学需氧量浓度变化过程和规律与工况一基本一致。其中特征点P3年内化学需氧量浓度变化范围为0.05～0.36mg/L，与工况一相一致。特征点P1化学需氧量浓度变化范围

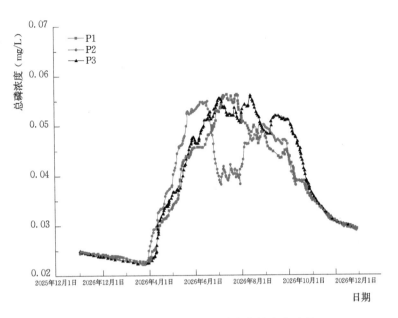

图 8-35　工况二特征点总磷浓度的变化过程

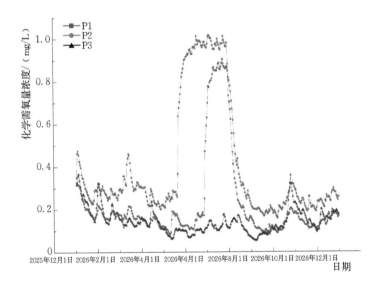

图 8-36　工况一特征点化学需氧量浓度的变化过程

为 0.07~0.83mg/L，年内最高浓度稍低于工况一（0.08~0.90mg/L），年末化学需氧量浓度为 0.17mg/L，与工况一相一致。特征点 P2 化学需氧量浓度变化范围为 0.15~0.98mg/L，年内最高浓度稍低于工况一（0.15~1.01mg/L），年末化学需氧量浓度为 0.25mg/L，均与工况一相一致。

8.3.4　水平分布特征

（1）溶解氧

工况一条件下供水期、蓄水期、非调度期，库区表层水体和底层水体溶解氧浓度的平

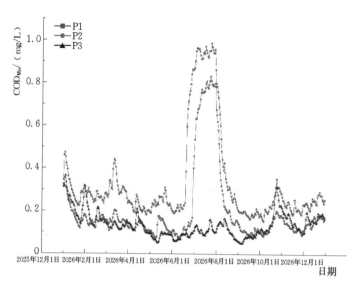

图 8-37   工况二特征点化学需氧量浓度的变化过程

面分布如图 8-38 所示。供水期表层水体溶解氧浓度变化范围为 4.62~8.46mg/L，其中大部分水体溶解氧浓度均高于 6mg/L，符合地表水 II 类标准，仅小部分库湾末端水域溶解氧浓度相对较低。底层水体溶解氧浓度变化范围为 1.63~7.06mg/L，其中大部分水域溶解氧浓度大于 5mg/L，库湾水域溶解氧浓度也基本大于 3mg/L，仅小部分库湾末端水域溶解氧浓度低于 2mg/L。

蓄水期表层水体溶解氧浓度变化范围为 4.20~8.22mg/L。其中大部分水体溶解氧浓度高于 6mg/L，符合地表水 II 类标准；库区下游溶解氧浓度稍低，为 5.5~6.0mg/L；小部分库湾末端水域溶解氧浓度相对较低。受温跃层影响，底层水体溶解氧浓度相对较低，其变化范围为 0.21~5.74mg/L。其中库区干流受来流影响，溶解氧浓度大于 4mg/L，相对开阔的支流库湾溶解氧浓度大于 2mg/L，上游支流及库湾末端溶解氧浓度低于 1mg/L。

非调水期表层水体溶解氧浓度变化范围为 3.85~8.61mg/L。其中大部分水体溶解氧浓度均高于 6mg/L，符合地表水 II 类标准；小部分库湾末端水域溶解氧浓度相对较低。底层水体溶解氧浓度相对较低，其变化范围为 0.52~6.43mg/L，其中大部分水域溶解氧浓度大于 2mg/L，部分上游支流溶解氧浓度低于 1mg/L。

工况二条件下供水期、蓄水期、非调度期，库区表层水体和底层水体溶解氧浓度的平面分布如图 8-39 所示。供水期表层水体溶解氧浓度变化范围为 4.64~8.44mg/L，底层水体溶解氧浓度变化范围为 1.62~7.02mg/L；蓄水期表层水体溶解氧浓度变化范围为 4.14~8.25mg/L，底层水体溶解氧浓度变化范围为 0.20~5.73mg/L；非调度期表层水体溶解氧浓度变化范围为 3.80~8.60mg/L，底层水体溶解氧浓度变化范围为 0.48~6.33mg/L。不同时期表层和底层水体溶解氧浓度范围及其水平分布特征与工况一基本一致。

（2）总氮

工况一条件下供水期、蓄水期、非调度期，库区表层水体和底层水体总氮浓度的平面分布如图 8-40 所示。供水期表层水体总氮浓度变化范围为 0.11~0.56mg/L。其中大部分水体总氮浓度均低于 0.2mg/L，符合地表水Ⅰ类标准，大部分支流库湾总氮浓度小于 0.5mg/L，符合地表水Ⅱ类标准，仅小部分支流末端总氮浓度相对较高。底层水体总氮浓度变化范围为 0.12~0.81mg/L。其中大部分水体总氮浓度均低于 0.2mg/L，符合地表水Ⅰ类标准。大部分支流库湾总氮浓度小于 0.5mg/L，符合地表水Ⅱ类标准。

蓄水期表层水体总氮浓度变化范围为 0.17~1.13mg/L，其中大部分水体总氮浓度低于 0.5mg/L，符合地表水Ⅰ类或Ⅱ类标准；库区下游包含 2 号隧洞的库湾总氮浓度为 0.6~0.8mg/L，符合Ⅲ类水标准；包含 3 号隧洞的库湾总氮浓度为 0.9~1.1mg/L，符合Ⅲ类或Ⅳ类水标准。底层水总氮浓度变化范围为 0.19~1.69mg/L，其中大部分水域总氮浓度为 0.2~0.5mg/L，符合Ⅱ类水标准；库区下游包含 2 号隧洞的库湾总氮浓度为 0.9~1.2mg/L，符合Ⅲ类或Ⅳ水标准；包含 3 号隧洞的库湾总氮浓度基本大于 1.5mg/L，符合Ⅴ类水标准。

非调水期表层水体总氮浓度变化范围为 0.14~0.84mg/L。其中大部分水体总氮浓度均低于 0.5mg/L，符合地表水Ⅰ类或Ⅱ类标准；小部分支流末端总氮浓度相对较高。底层水体总氮浓度变化范围为 0.13~1.20mg/L。其中大部分水体总氮浓度均低于 0.5mg/L，符合地表水Ⅱ类标准；小部分支流末端总氮浓度相对较高。

工况二条件下供水期、蓄水期、非调度期，库区表层水体和底层水体总氮浓度的平面分布如图 8-41 所示。供水期表层水体总氮浓度变化范围为 0.11~0.56mg/L，底层水体总氮浓度变化范围为 0.12~0.80mg/L；蓄水期表层水体总氮浓度变化范围为 0.14~1.00mg/L，底层水体总氮浓度变化范围为 0.16~1.68mg/L；非调度期表层水体总氮浓度变化范围为 0.13~0.85mg/L，底层水体总氮浓度变化范围为 0.13~1.19mg/L。不同时期表层和底层水体总氮浓度范围及其水平分布特征与工况一基本相一致，仅在蓄水期 2 号隧洞和 3 号隧洞所在的库湾高浓度区域面积比工况一稍小。

（3）总磷

工况一条件下供水期、蓄水期、非调度期，库区表层水体和底层水体总磷浓度的平面分布如图 8-42 所示。供水期表层水体总磷浓度变化范围为 0.020~0.023mg/L，底层水体总磷浓度变化范围为 0.019~0.023mg/L，均符合地表水Ⅰ类标准。

蓄水期表层水体总磷浓度变化范围为 0.046~0.131mg/L，符合地表水Ⅲ~Ⅴ类标准。从空间分布来看，包含 3 号隧洞的库湾受来水稀释的影响，总磷浓度最低。底层水体总磷浓度变化范围为 0.033~0.147mg/L，均符合地表水Ⅲ~Ⅴ类标准，库区下游 2 号隧洞和 3 号隧洞所在的库湾受来水稀释影响，总磷浓度最低。

非调水期表层水体总磷浓度变化范围为 0.034~0.113mg/L。其中大部分水域总磷浓度小于 0.05mg/L，符合地表水Ⅲ类标准；库区东侧部分支流末端总磷浓度较高，符合地表水Ⅳ类标准。底层水体总磷浓度变化范围为 0.027~0.148mg/L。其中大部分水域总磷浓度小于 0.05mg/L，符合地表水Ⅲ类标准；库区西侧支流总磷浓度较高，符合地表水Ⅳ类标准。

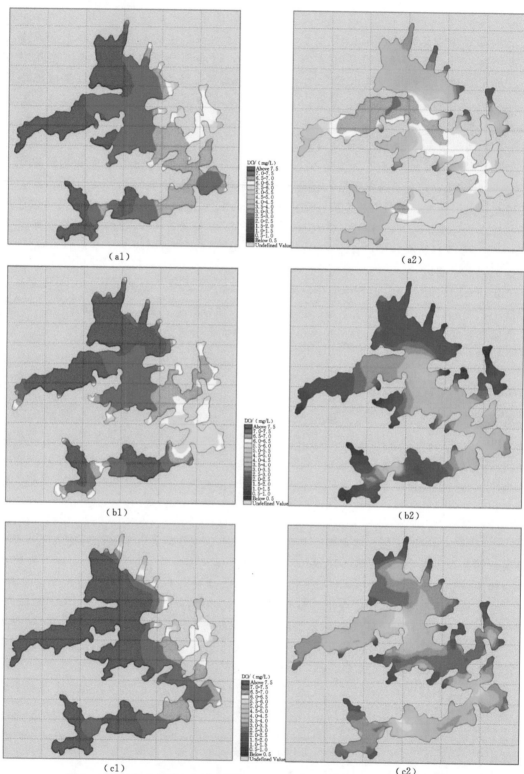

图 8 - 38　工况一表层和底层水体溶解氧浓度平面分布图（a1～a2 为供水期，
b1～b2 为蓄水期，c1～c2 为非调水期）

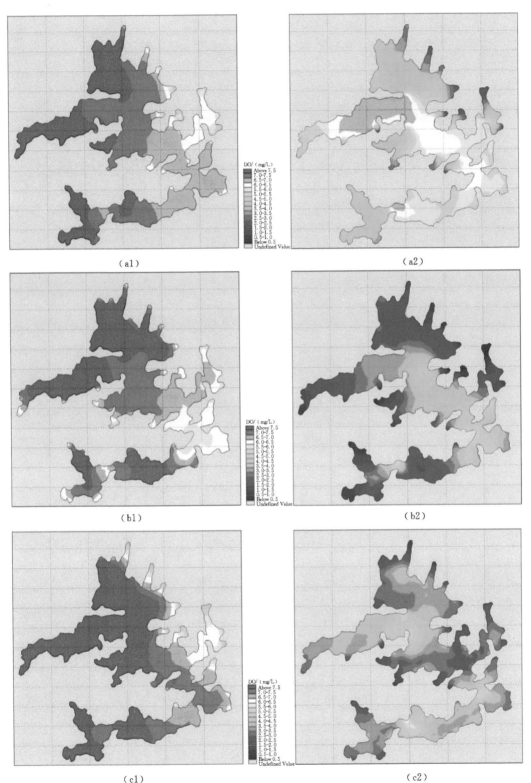

（a1）　　　　　　　　　　　　　　　（a2）

（b1）　　　　　　　　　　　　　　　（b2）

（c1）　　　　　　　　　　　　　　　（c2）

图 8-39　工况二表层和底层水体溶解氧浓度平面分布图（a1~a2 为供水期，
b1~b2 为蓄水期，c1~c2 为非调水期）

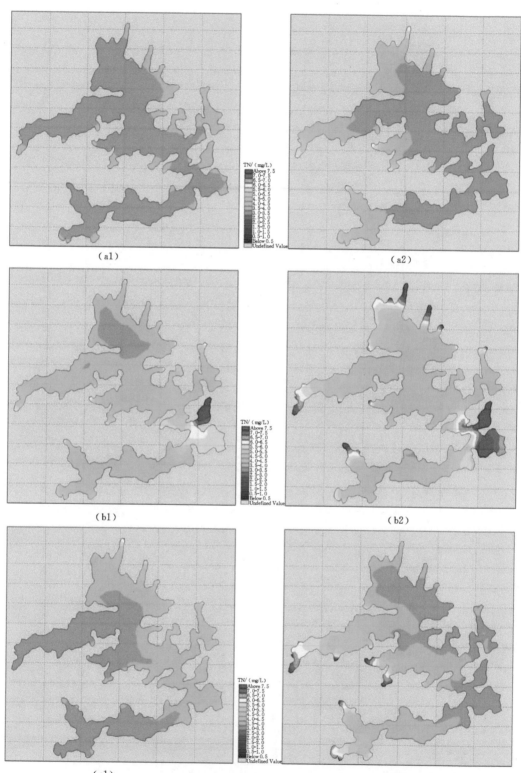

图 8-40　工况一表层和底层水体总氮浓度平面分布图（a1～a2 为供水期，
b1～b2 为蓄水期，c1～c2 为非调水期）

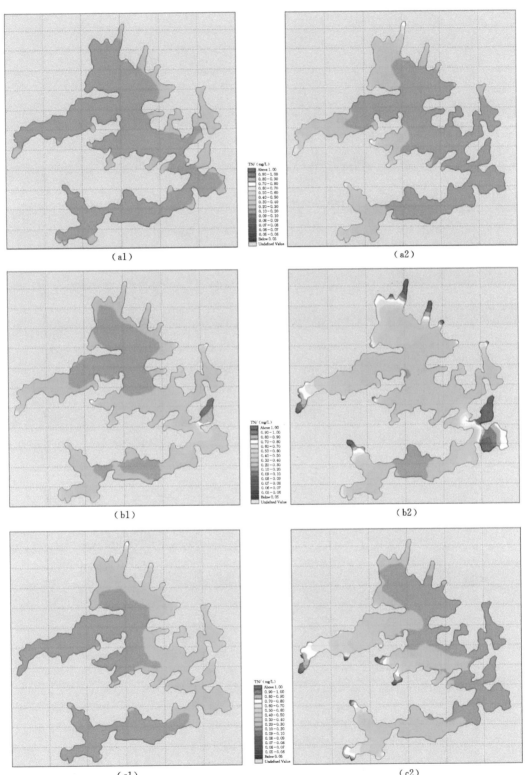

图 8-41 工况二表层和底层水体总氮浓度平面分布图（a1～a2 为供水期，
b1～b2 为蓄水期，c1～c2 为非调水期）

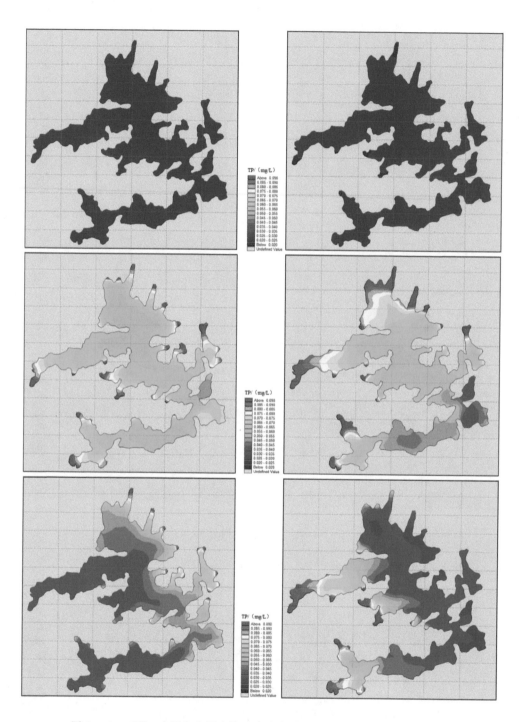

图 8-42　工况一表层和底层水体总磷浓度平面分布图（a1～a2 为供水期，
b1～b2 为蓄水期，c1～c2 为非调水期）

　　工况二条件下供水期、蓄水期、非调度期，库区表层水体和底层水体总磷浓度的平面分布如图 8-43 所示。

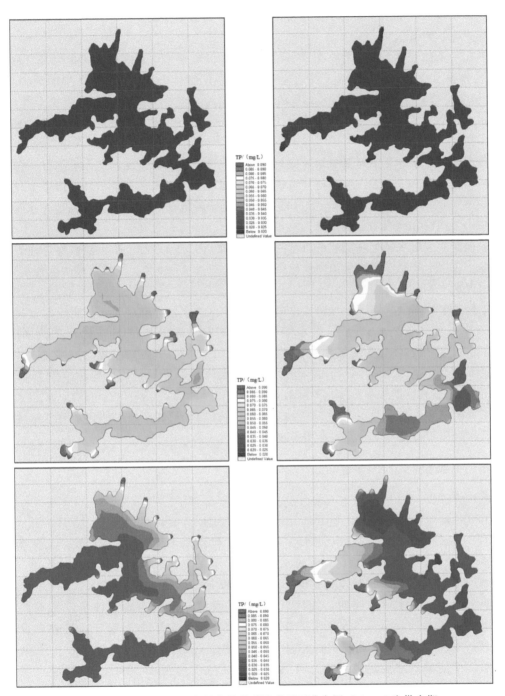

图 8-43　工况二表层和底层水体总磷浓度平面分布图（a1～a2 为供水期，
b1～b2 为蓄水期，c1～c2 为非调水期）

供水期表层水体总磷浓度变化范围为 0.020～0.023mg/L，底层水体总磷浓度变化范围为 0.019～0.023mg/L；蓄水期表层水体总磷浓度变化范围为 0.049～0.130mg/L，底层水体总磷浓度变化范围为 0.033～0.147mg/L；非调度期表层水体总磷浓度变化范围为 0.035～0.112mg/L，底层水体总磷浓度变化范围为 0.027～0.148mg/L。不同时期表层和底层水体总磷浓度范围及其水平分布特征与工况一基本相一致。

（4）化学需氧量

工况一条件下供水期、蓄水期、非调度期，库区表层水体和底层水体化学需氧量浓度的平面分布如图 8-44 所示。供水期表层水体化学需氧量浓度变化范围为 0.13～2.08mg/L，部分支流末端化学需氧量浓度相对较高，但整体基本符合地表水Ⅰ类标准。底层水体化学需氧量浓度变化范围为 0.12～2.70mg/L，支流末端浓度相对较高，符合地表水Ⅰ类或Ⅱ类标准。

蓄水期表层水体化学需氧量浓度变化范围为 0.10～1.95mg/L，整体上库区下游水体化学需氧量浓度高于上游，但均符合地表水Ⅰ类标准。底层水体化学需氧量浓度变化范围为 0.06～1.87mg/L，空间分布上 2 号隧洞和 3 号隧洞所在的库湾化学需氧量浓度明显高于上游，但均符合地表水Ⅰ类标准。

非调度期表层水体化学需氧量浓度变化范围为 0.10～1.72mg/L，基本符合地表水Ⅰ类标准。底层水体化学需氧量浓度变化范围为 0.05～2.53mg/L，支流末端浓度相对较高，符合地表水Ⅰ类或Ⅱ类标准。

工况二条件下供水期、蓄水期、非调度期，库区表层水体和底层水体化学需氧量浓度的平面分布如图 8-45 所示。供水期表层水体化学需氧量浓度变化范围为 0.11～2.06mg/L，底层水体化学需氧量浓度变化范围为 0.07～2.76mg/L；蓄水期表层水体化学需氧量浓度变化范围为 0.06～1.94mg/L，底层水体化学需氧量浓度变化范围为 0.03～1.86mg/L；非调度期表层水体化学需氧量浓度变化范围为 0.08～1.74mg/L，底层水体化学需氧量浓度变化范围为 0.02～2.22mg/L。不同时期表层和底层水体化学需氧量浓度范围及其水平分布特征与工况一基本相一致。

8.3.5　水质垂向分布特征

（1）溶解氧

工况一条件下供水期（3 月 15 日）、蓄水期（7 月 15 日）、非调度期（5 月 1 日）特征点水体溶解氧浓度典型垂向分布如图 8-46 所示。供水期为温跃层形成前期，水体垂向掺混明显，3 个特征点溶解氧浓度均大于 5.5mg/L，为好氧状态，垂向分布相对均匀，特征点 P3 位于敞水区，溶解氧浓度稍高于特征点 P1 和 P2。

蓄水期为夏季水体分层期，特征点 P3 受外调水入库影响相对较小，其垂向分布明显出现分层特征：水深 5m 范内溶解氧浓度较高，均大于 7.0mg/L，且垂向分布较为均匀；水深 5m～23m 范围内的水体溶解氧浓度逐渐降低至 5.47mg/L；水深 23m 以下水体中溶解氧浓度迅速降低，最底层溶解氧浓度约为 4.09mg/L，符合Ⅳ类水标准。特征点 P1 和 P2 位于库湾内，水体溶解氧浓度整体低于 P3。但 5m 以内水层溶解氧浓度较高，均大于 5.5mg/L，且分布相对均匀。特征点 P1 在水深 5～14m 范围内，溶解氧浓度逐渐降低至 4.15mg/L；水深 14m 以下水域，受来水影响，溶解浓度逐渐升高至 4.89mg/L。特征点 P2 在水深 5～10m 范围内，溶解氧浓度逐渐降低至 5.01mg/L；水深 10m 以下水域，受来水影响，溶解浓度逐渐升高至 5.38mg/L，整体为好氧状态。

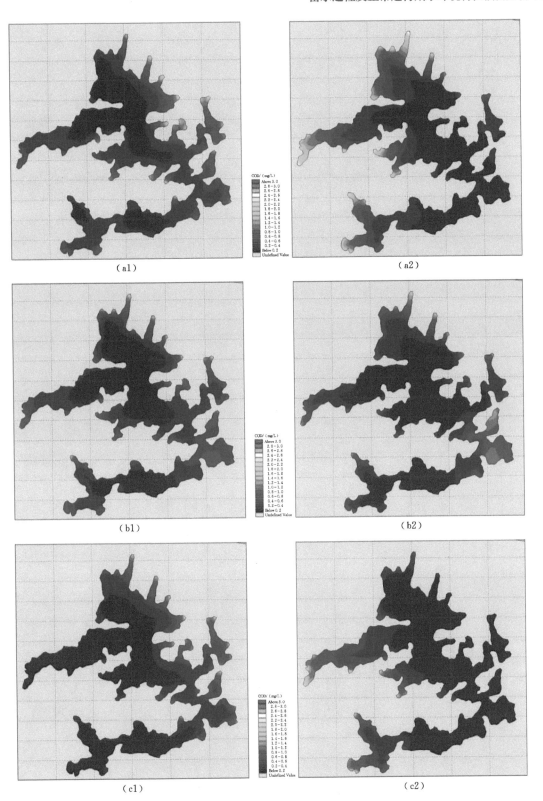

图 8-44　工况一表层和底层水体化学需氧量浓度平面分布图

111

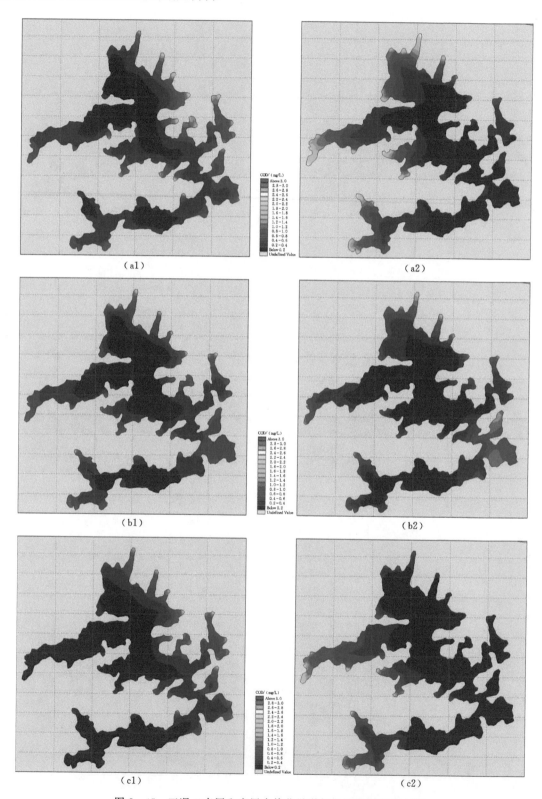

图 8-45　工况二表层和底层水体化学需氧量浓度平面分布图

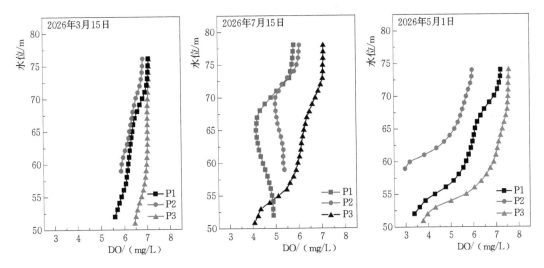

图 8-46　工况一特征点溶解氧浓度垂向分布图

非调水期为夏季水体稳定分层期，3 个特征点溶解氧浓度垂向分布均表现出分层特征，溶解氧浓度垂向变化范围分别为 3.39～7.24mg/L，2.99～5.98mg/L，3.78～7.60mg/L，底层水体溶解氧浓度基本满足地表水Ⅳ类标准。

工况二条件下供水期（3 月 15 日）、蓄水期（7 月 15 日）、非调度期（5 月 1 日）特征点水体溶解氧浓度典型垂向分布如图 8-47 所示。供水期 3 个特征点溶解氧浓度垂向变化范围分别为 5.40～6.95mg/L、5.74～6.79mg/L、6.33～7.09mg/L；蓄水期 3 个特征点溶解氧浓度垂向变化范围分别为 4.25～6.02mg/L、4.97～6.08mg/L、3.99～7.13mg/L；非调度期 3 个特征点溶解氧浓度垂向变化范围分别为 3.20～7.16mg/L、2.87～5.93mg/L、3.41～7.59mg/L。垂向分布特征与工况一基本相一致。

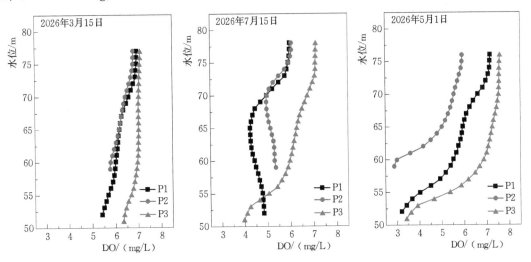

图 8-47　工况二特征点溶解氧浓度垂向分布图

（2）总氮

工况一条件下供水期（3 月 15 日）、蓄水期（7 月 15 日）、非调度期（5 月 1 日）特征点水体总氮浓度典型垂向分布如图8-48所示。供水期3个特征点总氮垂向变化范围分别为0.12～0.18mg/L、0.16～0.27mg/L、0.13～0.14mg/L，垂向分布相对均匀，且均符合Ⅱ类水标准。

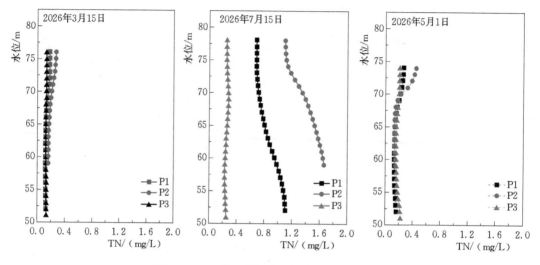

图8-48　工况一特征点总氮浓度垂向分布图

蓄水期特征点P3总氮浓度变化范围为0.23～0.28mg/L，垂向分布相对均匀，符合地表水Ⅱ类标准。特征点P1受外调水影响，总氮浓度整体高于特征点P3，垂向变化范围为0.68～1.11mg/L，底层水体受外调水影响更为明显，其总氮浓度高于表层水体。特征点P2总氮浓度垂向变化范围为1.10～1.66mg/L，整体符合地表水Ⅳ类或Ⅴ类标准；底层水体受外调水影响更为明显，其总氮浓度高于表层水体，符合地表水Ⅴ类标准。

非调度期3个特征点总氮垂向变化范围分别为0.13～0.26mg/L、0.13～0.44mg/L、0.15～0.22mg/L，均符合Ⅱ类水标准。垂向分布上特征点P1和P3总氮浓度垂向分布相对均匀，特征点P2表层水体总氮浓度稍高于下层水体。

工况二条件下供水期（3月15日）、蓄水期（7月15日）、非调度期（5月1日）特征点

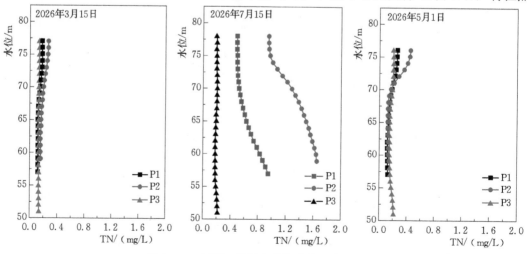

图8-49　工况二特征点总氮浓度垂向分布图

水体总氮浓度典型垂向分布如图 8-49 所示。供水期 3 个特征点总氮浓度垂向变化范围分别为 0.12~0.18mg/L、0.16~0.27mg/L、0.13~0.14mg/L；蓄水期 3 个特征点总氮浓度垂向变化范围分别为 0.49~1.05mg/L、0.95~1.65mg/L、0.18~0.21mg/L；非调度期期 3 个特征点总氮浓度垂向变化范围分别为 0.12~0.26mg/L、0.12~0.45mg/L、0.14~0.21mg/L。垂向分布特征与工况一基本相一致，但蓄水期 3 个特征点总氮浓度稍低于工况一。

（3）总磷

工况一条件下供水期（3 月 15 日）、蓄水期（7 月 15 日）、非调度期（5 月 1 日）特征点水体总磷浓度典型垂向分布如图 8-50 所示。供水期 3 个特征点总磷浓度垂向变化范围均为 0.022~0.023mg/L，稍低于模型初始浓度 0.025mg/L；其垂向分布相对均匀，符合 Ⅱ 类水标准。

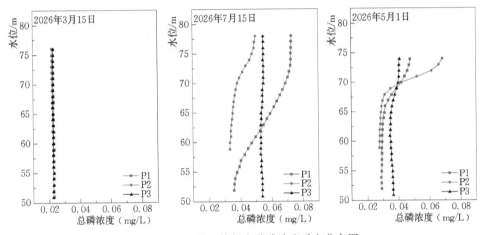

图 8-50　工况一特征点总磷浓度垂向分布图

蓄水期特征点 P3 总磷浓度变化范围为 0.029~0.047mg/L，垂向分布相对均匀。特征点 P1 表层 6m 以内水体总磷浓度均在 0.07mg/L 左右；6m 以下水体受外调水影响，总磷浓度自上而下逐渐降低，最底层水体总磷浓度为 0.036mg/L，符合地表水Ⅲ类标准。特征点 P2 总磷浓度受外调水影响更为明显，变化范围为 0.033~0.050mg/L，符合地表水Ⅲ类标准，总磷浓度垂向分布自上而下逐渐减小。

非调度期 3 个特征点总磷垂向变化范围分别为 0.029~0.047mg/L、0.028~0.068mg/L、0.035~0.040mg/L，符合地表水Ⅲ类或Ⅳ类水标准。特征点 P1 和 P3 总磷浓度垂向分布相对均匀，P2 表层水体总磷浓度稍高于底层水体。

工况二条件下供水期（3 月 15 日）、蓄水期（7 月 15 日）、非调度期（5 月 1 日）特征点水体总磷浓度典型垂向分布如图 8-51 所示。供水期 3 个特征点总磷浓度均为 0.023mg/L 左右；蓄水期 3 个特征点总磷浓度垂向变化范围分别为 0.036~0.070mg/L、0.035~0.052mg/L、0.052~0.054mg/L；非调度期 3 个特征点总磷浓度垂向变化范围分别为 0.028~0.047mg/L、0.027~0.068mg/L、0.033~0.040mg/L。垂向分布特征与工况一基本相一致。

（4）化学需氧量

工况一条件下供水期（3 月 15 日）、蓄水期（7 月 15 日）、非调度期（5 月 1 日）特征

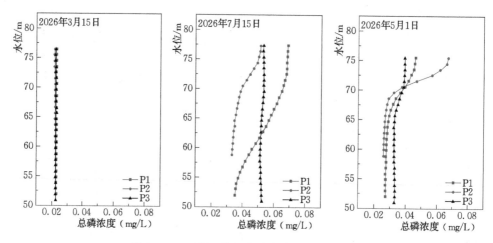

图 8-51 工况二特征点总磷浓度垂向分布图

点水体化学需氧量浓度典型垂向分布如图 8-52 所示。供水期特征点 P3 化学需氧量浓度
变化范围为 0.15～0.18mg/L，垂向分布相对均匀，符合地表水Ⅰ类标准。特征点 P1 和
P2 化学需氧量垂向变化范围分别为 0.12～0.38mg/L、0.25～0.78mg/L，浓度稍高于特
征点 P3，但均符合地表水Ⅰ类标准；垂向分布表现为表层水体浓度稍高。

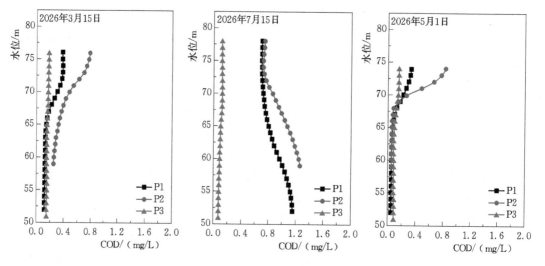

图 8-52 工况一特征点化学需氧量浓度垂向分布图

蓄水期特征点 P3 化学需氧量浓度变化范围为 0.07～0.12mg/L，垂向分布相对均
匀，符合地表水Ⅰ类标准。特征点 P1 化学需氧量浓度变化范围为 0.69～1.15mg/L，
特征点 P2 为 0.71～1.25mg/L，受外调水影响，底层水体浓度较高，但均符合地表水
Ⅰ类标准。

非调水期 3 个特征点化学需氧量浓度变化范围分别为 0.05～0.33mg/L、0.05～
0.83mg/L、0.08～0.16mg/L，均符合地表水Ⅰ类标准。受夏季温跃层的影响，垂向分布
表现为表层水体化学需氧量浓度相对较高。

工况二条件下供水期（3 月 15 日）、蓄水期（7 月 15 日）、非调度期（5 月 1 日）特征

点水体化学需氧量浓度典型垂向分布如图 8-53 所示。供水期 3 个特征点化学需氧量浓度垂向变化范围分别为 0.11~0.37mg/L、0.24~0.76mg/L、0.14~0.17mg/L；蓄水期 3 个特征点化学需氧量浓度垂向变化范围分别为 0.60~1.10mg/L、0.67~1.25mg/L、0.07~0.11mg/L；非调度期期 3 个特征点化学需氧量浓度垂向变化范围分别为 0.04~0.33mg/L、0.04~0.85mg/L、0.07~0.15mg/L。垂向分布特征与工况一基本相一致。

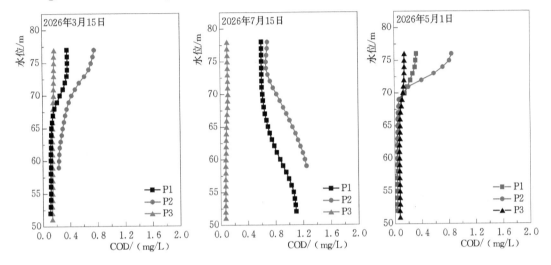

图 8-53　工况二特征点化学需氧量浓度垂向分布图

8.3.6　两种工况的比较

工况一的流量边界条件根据《深圳市城市供水水源规划（2020—2035 年）》中 2025 年水资源配置情况设置，清林径水库每年向 5 个自来水厂供水合计 3395 万 m³，占清林径正常库容的 19.62%。这些水由两大境外供水工程在汛期补足，东深和东江水源工程每年分别向清林径水库供水 1307 万 m³ 和 2088 万 m³。工况二是最小置换水量的情况，清林径水库仅在 3 月 1 日至 31 日向各水厂供水，置换水量 2183 万 m³，占清林径水库正常库容的 12.62%。东深和东江水源工程每年分别向清林径水库供水 1071 万 m³ 和 1112 万 m³，具体调度方案如表 8-2 所示。

表 8-2　　　　　　　　　　两种工况流量边界条件对比

工况一			工况二		
时间	S1（万 m³/d）	S2（万 m³/d）	时间	S1（万 m³/d）	S2（万 m³/d）
1 月 13 日—2 月 10 日	−14.81		3 月 1 日—3 月 31 日	−34.53	−35.89
2 月 11 日—2 月 28 日	−21.93				
3 月 1 日—4 月 4 日	−34.53	−35.89	6 月 22 日—6 月 30 日		27.82
4 月 5 日—4 月 6 日	−21.93	−27.56			
5 月 23 日—6 月 28 日		29.83	7 月 1 日—7 月 31 日	34.53	27.82
6 月 29 日—7 月 31 日	39.61	29.83			

工况一年置换水量比工况二多 1212 万 m³，但受制于输水工程规模，两种工况的输水流量相一致，工况一比工况二供水时间长 53 天，蓄水时间长 30 天。本报告选取的供水期、蓄水期、非调度期的典型时间分别为 3 月 15 日、7 月 15 日和 5 月 1 日，两种工况的流量边界相一致，因而两种工况在以上 3 个典型时间的水动力情况基本相一致。两种工况下境外供水工程的水质相一致，3 个典型时间以及年末库区水体中各污染物浓度及其空间分布特征也基本相一致。根据模型计算结果，年置换水量 12.62% 和 19.62% 对水库供水及整体水质的影响差别不大。

8.4　本章小结

（1）按照每年 3690 万立方米外调水入库计算，清林径水库 5 年能蓄至正常水位 79m 左右。根据模型计算结果，蓄水期间入水口附近流速相对较大（5cm/s），但影响范围有限（进水口附近 500m 以内），库区其他水域流速小于 4mm/s。非进水期间，入水口附近流速约 1cm/s，影响范围约 200m，其他水域流速小于 4mm/s。

（2）五年蓄水期间，表层水体溶解氧含量丰富，基本大于 6mg/L，符合Ⅰ类或Ⅱ类标准；但除了进水口附近，其他水域底层水体在进水期溶解氧浓度偏低，尤其是底部 2m 以内水体，溶解氧浓度低于 3mg/L，处于缺氧或厌氧状态。

（3）五年蓄水期间，表层水体总氮浓度较低，基本符合Ⅱ类水标准，但进水期进水口附近底层水体浓度较高，符合Ⅲ至Ⅳ类水标准；总磷浓度整体较高，其中蓄水期及汛期整体符合Ⅳ类水标准，非汛期符合Ⅲ类水标准；化学需氧量浓度整体较低，符合Ⅰ类至Ⅱ类水标准。

（4）水库蓄满在正常运行工况下，表层月平均水温为 20.4～29.6℃，底层月平均水温为 19.8～27.5℃；为季节性水温分层水库，10 月至次年 2 月为完全混合期，垂向温差小于 0.6℃，4 月至 7 月为稳定分层期，垂向温差大于 5.8℃，温跃层位置为水深 4～11m 范围内。

（5）水库蓄满后在正常调度情况下，表层水体溶解氧含量丰富，基本大于 6mg/L；但夏季底层水体溶解氧偏低，尤其是库区上游的支流库湾，处于缺氧或厌氧状态。总氮浓度在全年大部分时间内符合地表水Ⅱ类标准，但受外来水影响，进水口所在的库湾在进水期存在明显的超标现象。总磷浓度整体较高，符合Ⅲ类至Ⅳ类水标准；化学需氧量浓度整体较低，符合Ⅰ类至Ⅱ类水标准。

（6）在年置换水量 12.62% 和 19.62% 的情况下，库区水动力和各污染物浓度及其空间分布特征基本相一致，说明年置换水量 20% 对库区整体水质影响不大。

第9章

库区水质保障技术方案

清林径引水调蓄工程是目前在建的深圳市三大储备调蓄水源系统之一，建成后清林径水库将是深圳市最大的"水缸"，也是东深供水工程和东江水源工程的调蓄水库，与深圳市用水安全密切相关。根据 2019 年至 2020 年的现场调查结果，清林径水库水体中总氮、铁和化学需氧量浓度整体上劣于地表水Ⅱ类标准，是主要超标污染物。水体为中营养至中度富营养状态，部分采样点叶绿素 a 浓度超过水华阈值或达到重度富营养状态；沉积物中氮含量普遍较高，整体处于有机氮污染状态。同时外调水中总氮、总磷污染物浓度较高，外调水入库增加了水体中的污染物含量。而当清林径水库达到常水位 79m 后，4 到 7 月份，水体热分层使清林径的水环境形势更为严峻。

目前清林径库区内已无点源污染，农林业加工、网箱养殖等面源污染已全面清除，污染源治理工作已基本完成。本章将主要介绍当前水质净化技术，并结合清林径水环境污染特点，提出清林径水库水质保障技术的初步方案和建议。

9.1 水质净化技术现状

目前水质净化技术种类很多，从原理上可以分为物理方法、化学方法和生物－生态技术三大类，主要是利用物理、化学或生物生态技术，对水体直接进行净化修复。

9.1.1 物理方法

（1）生态清淤

进入水库的污染物通过各种物理、化学和生物作用，部分沉降至沉积物表层。积累在沉积物表层的氮磷等营养物质，在一定的环境条件下，会从底泥中释放出来重新进入水体，从而形成内源污染。针对清林径水库，在正常运行时，3 月至 9 月均存在不同强度的温度分层。水体温度分层期间，由于温跃层阻碍了溶解氧向下层水体传递，库区底部形成缺氧甚至厌氧环境，沉积物中氮、磷、铁、锰等污染物向水体中释放，导致底层水体水质严重恶化。到 10 月份水体开始混合，底部高浓度受污染水体与上部水体混合，造成水库垂向上整体水质恶化，影响水库供水安全。

生态清淤是削减内源污染的常见方法之一，即用工程或机械方法对富含营养盐或污染物的表层沉积物适当清除，以减少底泥内源污染负荷和水体污染风险的方法。太湖、巢湖、东湖等湖泊沉积物的检测结果表明，沉积物中的污染物主要集中在颗粒细小、含水量较高的表层流泥中，因此生态清淤的主要目的在于尽量去除表层底泥中所含的污染物，包括营养盐形成的絮凝胶体、休眠或死亡的藻类、动植物残骸等。同时生态清淤需要保护好下层底泥不被破坏，清淤方式不能过于剧烈，避免破坏水生植物和底栖动物的生存环境，为清淤区域的生态重建保存良好的基础条件。此外，清淤过程中，由于作业对象是沉积物表层淤泥，作业过程中需要尽量避免由于机械部件物理扰动引起的污泥扩散，减小对周边水域产生的负面影响。

生态清淤技术要求较高，需要在充分了解底泥性质和分布的前提下，科学确定清淤参数。例如清淤区位置、清淤深度等。采用适当的清淤工艺和设备实施表面沉积物的快速和精准抽取。生态清淤平面和垂向精度一般控制在±20cm和±5cm，淤泥防扩散要求一般控制在10m以内。目前常用的生态清淤技术主要包括：绞吸式清淤、气力泵清淤、耙式清淤、水力冲挖式清淤以及射流清淤。

绞吸式清淤是利用安装在清淤船前缘的绞刀来搅动、切割湖泊或者河道底泥，使其分散形成泥浆，然后借助离心泵产生的吸力将泥浆通过吸泥管进行收集。这种清淤方式适用于污泥厚度较大的水体清淤，是我国环保疏浚的主要方式。

气力泵清淤在工作时泵筒浸没于泥浆中，在泵筒内部真空负压和四周静水压力的双重作用下，淤泥进入泵筒，然后在压缩空气的推动下进入排泥管，最终输送至运泥船或集泥池。气力泵清淤的特点在于：机械磨损小、维修方便、排泥浓度高，造价运行费用低，适用于水深较大水域。

耙式清淤是利用耙头将底泥像犁地一样切削和破碎，然后通过吸泥泵将泥水输送至泥舱。在泥舱中泥往下沉淀，水溢流排出。耙吸式清淤可以在水下疏浚硬土，适用于港口、航道等水域的疏浚。

水力冲挖式清淤主要是针对水量不大的河道，其工作原理主要是模拟自然界水流冲刷过程。清淤时首先对河道进行截流，然后将积水排干，借助高压水泵产生的高压水柱破碎底泥，再由泥浆泵和输泥管收集泥浆。水力冲挖式清淤的优点在于底泥的挖掘和输送一次性完成，清淤效率高，操作简便。

射流清淤是一种借助射流泵进行疏浚的方式。其工作原理是工作泵从清水源吸入清水经加压后通过工作水管输送至射流器，产生的高速射流（工作流体）通过喷嘴进入接受室，此时喷嘴附近会形成一个低压区将附近的表层沉积物吸走；工作流体和被吸入的流体在混合室进行动量交换，并伴随着流体压力的升高；混合流体进入扩散室后压力进一步增加，最后扩散室出口处的压力高于引射流体的压力，从而达到了高效清淤的目的。

随着科技技术的发展，机器人及5G技术也应用到生态清淤中来，使设备能够在各种复杂的环境中进行清淤作业。例如水下清淤机器人已在市政管道清淤工程中有较多应用，5G水下机器人已应用于亭子口等水利枢纽工程巡检中，但水库清淤工程中相关报道较少。

成功的生态清淤能够在短期内降低湖泊内源污染，改善水体环境质量；还可以增强湖泊环境承载能力，从而有利于水生生态系统的恢复。但是，如果生态清淤过程中技术措施不力或者方案不当，反而会加重水体污染程度。如果清淤方式太过剧烈，还会破坏底栖生物的生存环境，从而影响水生态系统的恢复。由于工程实施的技术控制和水库具体特点，导致湖泊、水库生态清淤的实际效果具有较大的不确定性。

深水型的饮用水水源地兼具水质优良、季节性水温分层的特性，对环保疏浚的响应与一般浅水湖库相比存在很大差异。富营养化水体水质较差，施工引起的水质负面影响不明显；而对于水质较好的水源地而言，相同施工引起的水质波动更加明显，尤其是施工过程中总磷浓度的波动。另外，浅水湖库易受风力扰动，垂向混合程度高，不易形成温跃层，而深水湖库相比于浅水湖库具有季节性分层的特性，在分层时期，沉积物中营养盐及重金属的释放更加明显。加上深圳市铁、锰的土壤背景值较高，生态清淤对底层水体铁锰浓度的削减效果有限。除此之外，通济桥水库在生态清淤后，还原性的新生沉积物孔隙水中通常含有较高的活性氨氮，释放速率通常在疏浚后的几个月内迅速增加，导致总氮浓度峰值比往年提前出现，并且新生底泥氨氮释放现象在水温分层时更为明显，清林径水库可能也存在这个问题。

也有学者认为，底泥疏浚可以在一段时间内减少营养盐释放，去除部分重金属，但并没有改变富营养化水体中营养盐循环模式，因而其时效有限，从年的尺度上看其效果并不明显。水质问题实际上是生态问题，控制外源污染，改善系统生态结构，发挥水体自身净化作用，才是从根本上改善水质的关键。

（2）人工增氧

对于水深较大的水库，底层水体在缺氧的情况下，氮、磷、铁、锰等污染物容易从沉积物中释放进入水体，导致底部水质恶化。通过人工增氧的途径增加水体中溶解氧浓度，提高水中好氧微生物的活力，增强水体自净能力，有利于恢复生态系统平衡。一般认为，当深水层溶解氧浓度低于 3mg/L 时就需要实施深水层增氧。

水库增氧的目的是提高底层水体溶解氧浓度，改善底部厌氧环境，从而抑制磷、铁、锰等污染物的释放。从原理上来讲，增氧技术主要通过泵、射流或曝气的方式增加水体中的溶解氧含量，但因泵和射流的方式并不经济，所以经常采用的是人工曝气方式。目前常见的深水系统增氧技术主要有 3 种：气体提升增氧技术、气泡羽流扩散增氧技术和微纳米曝气技术。

气体提升增氧技术是以空气、气氧或者液氧作为气源，在高压状态下将气源输送至放置在水底的增氧装置中，被输送的气源经过增氧装置均匀分配，最终被喷射进入周围缺氧水体中。喷射空气中的氧气不断溶解，直接补充深水层缺氧水体的溶解氧。目前常用技术包括全提升增氧和半提升增氧。提升增氧系统典型结构如图 9-1 所示，主要包括：竖直上升管、上升管底部内侧扩散器、气水分离室、回流室、排空管（半提升）。半提升增氧系统是往深水层增氧扩散器中注射压缩空气，扩散器中压缩空气释放并与水混合形成上浮气水混合物，这些气水混合物通过一根竖直管状物被提升至湖中指定深度，到达气水分离室后未溶解的气体通过管状物顶部一根连接至液面的排空管排至大气中，富氧水体经过回流室由上往下回流至深水层。全提升系统与半提升系统结构大部分相似，主要区别是全提升系统气水分离室设计在湖面附近，没有排空管，气水分离室直接与大气相通，当气水混合物上升至顶部的时候，混合物被直接提升至湖面，未溶解气泡将直接释放到大气中（部分气体或被夹带回水中），富氧水通过回流室回到深水层。

气泡羽流扩散系统一般由岸上气源（空气或氧气）和一根（或多根）放置在湖底并带有许多小孔的管状发射器组成（图 9-2）。管状发射器可根据待增氧水体的地形结构排成

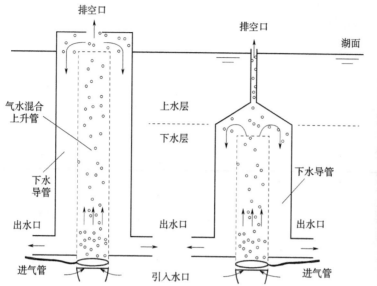

图 9-1　气体提升增氧技术

环型或线型。气体从打满小孔的管状发射器中喷射出来，这种喷射形成的气水混合物被称作羽流。在上升气泡群的带动下，下层缺氧水在垂直方向上不断逆密度梯度上升，到达羽流上升最大高度时停止，此时羽流动量为零。此后富氧水下降回归至与自身密度几乎一致的平衡深度水体环境中，并向四周网状驱散流动至远处水体。此技术中足够小的气泡不但不会影响水体热分层，同时还能加快内部气体传质，加速气体溶解，提高氧转移效率。调节气泡大小可以控制最大上升高度。

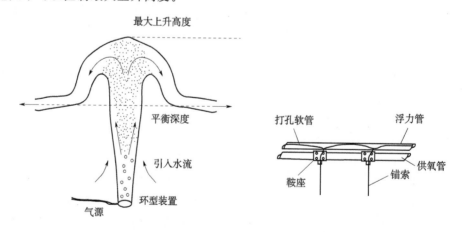

图 9-2　气泡羽流增氧技术

微纳米曝气技术通过改良传统的曝气设备，将具有微米级的多孔橡胶曝气管制成曝气盘来取代传统气泡石和通气管进行曝气，能产生直径极小的气泡。微纳米橡胶曝气管采用高分子抗菌橡胶材质，通过热压挤出工艺制成具有超微细孔的微纳米级多孔结构，具有抗菌性，能够防止微生物在表面繁殖聚集堵塞曝气管。其工作原理为：开始曝气时，空气泵将空气压入橡胶曝气管中，由于整个曝气管为橡胶材质，具有一定弹性，曝气管体积发生膨胀，组成管壁的橡胶颗粒被气体撑开，每个橡胶颗粒间的距离变大产生微纳米气体通道，使整个橡胶曝气管变成微纳米级多孔结构，此时空气会随着多孔通道进入水体中，产生微纳米级气泡，以达到微纳米曝气目的；当停止曝气时，发生形变的橡胶管道开始恢复形状，曝气管的多孔通道逐渐封闭并收缩至原有状态。微纳米橡胶曝气管的结构如图 9-3 所示。

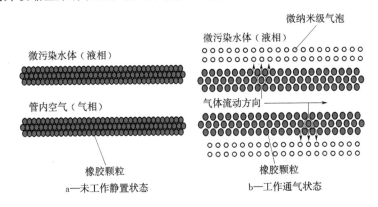

图 9-3　纳米橡胶曝气管结构示意图

微纳米气泡区别于普通气泡在于其体积比普通气泡小，一般将气泡尺寸在 200nm～50μm 的气泡称为微纳米气泡。通常情况下，气泡尺寸越小，与水体中一些分子的差异性越大，对某些粒子的分离效果就越好，从而使得水体的溶氧效率越高。当气泡达到微米级别以上时，气泡的整体理化性质发生了质变，主要表现为气泡的比表面积大、水力停留时间长、氧传质效率高、表面电位电势高和产生羟基自由基等特性。研究发现，微纳米曝气技术可以改变水体中的溶解氧，恢复和增强水体中的微生物活性，从而达到净化水质的作用。

微纳米曝气工程结构如图 9-4 所示，微纳米曝气发生装置安置于岸边的机房内，曝气管或曝气盘则安置在工程水域底部，由机房内的曝气装置产生的气体通过管道输送到曝气盘上，再由曝气盘上的微纳米气泡扩散曝气头将微纳米气泡扩散至水体中。

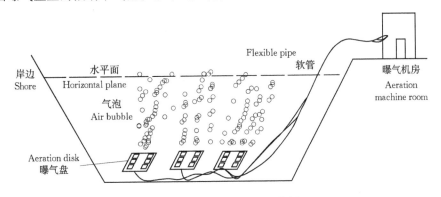

图 9-4　纳米曝气工程示意图

总体来看，气体提升增氧技术效果较好，但设备造价及运行成本均相对较高；羽流扩散技术相对最为经济简单，在科学设计的前提下基本能满足清林径底层水体增氧的需要。微纳米曝气作为一种新型的人工水体曝气技术，产生的微纳米气泡与普通曝气技术相比，具有更佳的性能，且具有投资少、见效快的优点而被广泛地应用于水环境的治理与修复中。

（3）原位覆盖技术

原位覆盖也是常用的一种内源物理治理技术，是通过向污染底泥表面铺放一层或多层清洁的覆盖物，使污染底泥与上层水体隔离，从而阻止底泥中污染物向上迁移。原位覆盖具有3方面功能：1）通过覆盖层，将污染底泥与上层水体物理性隔开；2）覆盖作用可稳固污染底泥，防止其再悬浮或迁移；3）通过覆盖物中有机颗粒的吸附作用，有效降低污染底泥中污染物进入上层水体的程度。

目前使用较多的覆盖材料有未污染的底泥、清洁砂子、砾石、钙质膨润土、灰渣、人工沸石、水泥，还可以采用方解石、粉煤灰、土工织物或一些复杂的人造地基材料，等等。不同的覆盖材料与其效果密切相关，选择覆盖材料时主要考虑材料的如下几方面特性：1）覆盖材料的粒径，粒径越小，阻隔能力越强，污染物的穿透能力越低；2）覆盖材料中有机质含量、比表面积和孔隙率，与其对污染物的吸附能力相关；3）覆盖材料的比重或密度，与其抗水流扰动、稳固污染底泥的功能相关。

覆盖技术适用于多种有机和无机污染底泥，不仅可以有效控制底泥中氮、磷等营养盐的释放，还可以控制重金属及多氯联苯、多环芳烃、苯酚等持久性有机污染物的释放。覆盖技术也有它的不足之处，因而有一定的局限性。一方面，由于投加覆盖材料，会增加底质的体积，减小水深，改变水底坡度，因而在浅水或对水深有一定要求的水域，如河岸海岸及航线区域，不宜采用原位覆盖技术；另一方面，在水体流动较快的水域，覆盖后覆盖材料易被淘蚀，影响覆盖的效果。

（4）生态引水

生态引水主要是通过引入污染物浓度较低的清洁水来稀释受污染水体，以降低水体中污染物浓度，这是一种水质改善的物理方法，主要通过稀释、冲刷和动水等三方面来改善水体水质。其中动水作用是指通过引水入库增强水库的水动力条件，使水体由静变动，增加水体的复氧能力，进而增强水体的自净能力。由于清林径水库目前水质优于外调水水质，生态引水难以实现，这里不做过多介绍。

9.1.2 化学方法

化学方法是利用化学药剂快速减少水体中藻类和污染物。例如利用硫酸铜、西玛三嗪等遏制藻类繁殖的化学试剂快速去除藻类，或利用碳酸钙、硫酸铝等絮凝剂使得水体中的磷酸盐与之发生化学反应生成沉淀物，进入底泥中去。但化学方法并不能降低系统中污染物含量，当环境发生变化，这些污染物还会再次进入水体。使用的化学制剂也可能对水生态系统产生较大的负面影响，因此化学方法通常仅作为应急手段使用。清林径水库作为饮用水水源地，不推荐使用化学方法，故不做过多介绍。

9.1.3 生物方法

生物调控技术是一种经济环保、发展前景好的技术，主要采用某些生物的吸收与反应实现水质的净化，可利用的生物包括水生植物、微生物（细菌）、浮游生物以及鱼虾贝等水生动物。

（1）水生植物

1）水生植物的作用

水生植物具有克藻效应，对水体中氮磷的富集与转移有明显的效果，是一项已经被证实的高效的水质净化技术。

水生植物的存在可减少因为风和鱼类活动所引发的沉积物悬浮，抑制底泥中营养物质溶出，降低水体浊度。由于其生长茂盛，根系发达，与水体接触面积大，形成密集的过滤层，水流经过时，不溶性胶体会被根系粘附，水中的悬浮物更容易沉降下来，特别是将其中的有机碎屑沉降下来。与此同时，附着于根系的细菌菌体在进入生长阶段后会发生凝聚，一部分也会为根系所吸附，一部分凝集的菌胶团则把悬浮性的有机物和新陈代谢产物沉降下来。如香蒲，它的地下茎和根形成纵横交错的地下茎网，水流缓慢时重金属和悬浮颗粒被阻隔而沉降，同时又在其表面进行离子交换、整合、吸附、沉淀等作用。

富营养化严重的水体中，藻类疯长，水质恶化。栽种水生植物后，水生植物同浮游藻类竞争营养物质及所需的光热条件，同时分泌出抑藻物质，破坏藻类正常的生理代谢功能，缓解藻类过度生长的压力。这样可提高水体透明度，改善水中的溶解氧含量，促进沉水植物与共生菌的生长，进一步净化水质。

水生植物根系发达，利于吸收水中物质。它可直接吸收氮、磷等营养物质，同化为自身的结构组成物质，使这些营养物质储存更加稳定，并通过人工收割将其固定的氮、磷带出水体。植物吸收污染物后，尤其是重金属离子、农药和其他人工合成有机物等，便富集、固定在体内，减少水体中污染物量。当水生植物被收割运移出水生态系统时，大量的营养物质也随之从水体中输出，从而达到净化水体的作用。

微生物是净化水体的重要成员，它们在水中具有相当大的数量，且种类十分丰富，在污染水体的修复中起着巨大作用。水生植物通过光合作用增加水体溶解氧，增加空间生态位、改善水下的光照，根系还可分泌一些有机物促进微生物的代谢，从而促进微生物对有机物的降解，形成复杂食物链且提供了食物、场所。武汉东湖的研究表明，在人工恢复沉水植被后，底栖动物的种类、个体密度和生物量均有所增加，重新出现软体动物，增加了生物多样性。

2）水生植物的利用方式

按照水生植物的生长方式与形态特征，可分成挺水型、浮叶型、漂浮型及沉水型四类。多种植物组合比单种植物净化水体效果更佳。这是因为：一是不同水生植物的净化优势不同；二是每种植物在不同时期的生长速率及代谢功能各不相同，由此导致其在不同时期对各种污染物的吸收量也不同，而且随着植物发育阶段不同，附着于植物体的微型生物群落也会发生变化，从而影响植物对水体的净化效率；三是多种植物的组合可以提高物种多样性，从而更容易保持长期的稳定性，减少病虫害。

在提高植物净水效果研究方面，一个重要的研究内容是选择合适的植物种类和确定不同植物的组合。漂浮植物是人工湿地中常用的一类植物，就去除水体中营养物质的效果而言，凤眼莲的净化效果较好。挺水植物中芦苇和香蒲的使用频率最高。相对于单一的植被群落，复杂的植被群落可增加植物空间和时间分布的互补性，大面积的根际区域也可减少季节对植物的影响，对营养物有更好的控制作用、对藻类的抑制也较为明显。氮和磷是植物生长的重要限制因子，同时也是引起水体退化的重要因子。而植物对氮、磷的去除一般主要是靠其吸收，通过光合作用合成植物自身的结构组成物质。随着氮磷浓度的增加，植物对氮、磷的去除速率也会提高。

沉水植物是浅水湖泊生态系统的重要组成部分之一。沉水植物可以为鱼类提供栖息场所、繁殖基质，为浮游动物提供避难所，也是周丛生物的附着基，沉水植物有利于提高湖泊生态系统的生物多样性和稳定性。同时，沉水植物还有抑制湖泊沉积物再悬浮、改善沉积物特性，从而降低营养盐释放率、吸收水体中的污染物、抑制浮游植物生长等作用。因此，沉水植物恢复成为富营养化浅水湖泊生态修复的有效措施之一，也是近年来水体修复生态技术研究的热点之一。

目前国内外学者对植物修复富营养化水体进行了诸多研究，并取得了一定成就，选出了一些优势种类。国际上公认的淡水水生修复植物有：宽叶香蒲、芦苇、苦草、凤眼莲、软水草和狐尾草等。利用水生植物净化水质的方式主要包括人工湿地或净化塘、生态浮床、护岸护坡植被缓冲带等。

人工湿地或净化塘在水生植物的搭配上，可根据水生植物的生态特性及净化能力合理组合，取长补短，从而达到最佳净化效果。生态浮床是一种水环境治理与水生态修复兼顾的实用技术，主要是运用无土栽培原理，以可漂浮材料为基质或载体，采用现代农艺和生态工程措施综合集成的水面无土种植技术。生态浮床具有直接从水体中去除污染物、充分利用水面而无需占用土地，能适应较宽的水深范围，造价低廉且运行管理容易等优点，对富营养化水体净化效果明显，在我国太湖、滇池等水环境治理中得到广泛应用。但传统的浮床生物要素单一，缺乏构成完整生态系统的水生动物及微生物环境，限制了其生态功能的发挥。目前出现了由水生植物、水生动物、微生物以及人工介质有机结合而成的新型组合生态浮床，进一步提高了其水质净化能力。

（2）微生物

微生物作为生态系统中极重要的一员，在动植物的生长、生态系统中能量流动和物质循环及环境污染物降解等方面起着重要作用，越来越多的人把微生物作为污染物去除的主体进行研究。

微生物法是本世纪以来最常用的污废水处理方法，在水处理中被广泛采用。其原理是通过系统中微生物的新陈代谢将污染物吸收、利用，从而将污染物从水中去除。

微生物制剂是在传统的生物处理体系中添加具有特定处理效果的微生物、基质，来提高系统的降解能力；或通过基因组合方法制备出高效的微生物制剂；也可将多种具有不同降解功能和具有共生或互生关系的微生物以适当的比例进行混合培养，提升整个污水处理体系的处理效率。用来制作微生物制剂的细菌主要是光合细菌、硝化细菌、硫化细菌、氨化细菌、酵母菌等，产品有单一菌种，也有混合菌种。

当前随着人工介质材料的发展，生物膜技术在污染水体治理中的运用越来越普遍。这种技术的原理是在污染水体中放入孔隙率较大、易附着的条状或网状人工介质填料，使得微生物在介质表面大量附着并形成一层薄薄的膜。当污水流经生物膜表面时，膜内微生物将会吸附有机营养物，并通过氧气和污染物向生物膜内部扩散，以及在膜内发生的生物氧化等反应，对水体中的污染物进行降解。生物膜技术具有水质适应性强、微生物丰富、运行稳定等优点，在我国得到了广泛应用。例如生物滤池、生物接触氧化等。

（3）鱼类

在水域生态学研究领域夏皮罗（Shapiro）等（1975）最先提出经典生物操纵理论，认为通过人工清除水体中滤食鱼类或增加肉食鱼类的数量，可以导致浮游动物数量的增加和组成种类体型的大型化，从而提高浮游动物对浮游植物的摄食效率，降低浮游植物的数量。在经典生物操纵理论指导下的研究表明，浮游动物的数量增加能够有效降低浮游植物数量，加大水体透明度，达到改善水质的目的。但伴随着大量大型肉食性浮游动物的出现，水体中以浮游植物为食的小型性浮游动物如轮虫、小型枝角类等会遭受到高强度攻击，数量显著下降，减小了对浮游植物的捕食压力，浮游植物出现反弹性增长。因此，目前大多采用与经典生物操纵相反的途径，即通过放养滤食性鱼类直接控制浮游植物数量的非经典生物操纵方法。

在实践中通常采用往大水面中放养鲢、鳙等滤食性鱼类，控制蓝藻水华。采用鲢、鳙控制藻类，是因为鲢、鳙等滤食性鱼类具有特殊的摄食器官。鳙鱼具有梳状鳃耙，白鲢具有海绵状的鳃耙，能够有效过滤藻类，取食范围在 0.01～1mm，绝大多数浮游生物都在这个范围之内。鲢、鳙还具有较长的肠道，对浮游生物具有很好的消化率。滤食藻类后，水质由混浊转为清爽。鲢、鳙滤食器官具有很高的滤水效率，鲢的平均滤水量达到 589.5L/（h·kg），鳙具有较鲢更高的滤水效率。鲢、鳙属于中型鱼类，具有生长速度快、易捕捞等特点。因此，鲢、鳙成为人们通过非典型生物操纵途径控藻的主要生物工具。

鲢、鳙每天的滤食量可分别达到其体重的 12.5% 和 9.5%。鱼类体重增加 1kg，可以把水体中 32g 氮、4.5g 磷转化为蛋白质。从大水面中捕捞一定量的鱼类，相当于把大量的氮、磷及其他营养元素转移出水体，可以大大降低水体富营养化程度。鼓励在湖泊水库发展不投饵养殖滤食性、草食性鱼类，实现以渔控草、以渔抑藻、以渔净水。

宁波月湖 2000 年初夏发生大面积蓝藻水华，同年 8 月在水面按 55.6g/m² 喷洒改性明矾浆应急除藻，蓝藻水华基本消失。随后放养鲢、鳙和三角帆蚌，2001 年 8 月份月湖浮游蓝藻数量比 2000 年同期下降 87.5%，总氮下降 26.0%，总磷下降 70.0%。2001 和 2002 年不再出现蓝藻水华，水质明显改善，透明度保持在 100cm 以上。

2011 年 2 月下旬玉溪市东风水库出现蓝藻水华，水库管理处的职工每天划船用铁瓢在水面打捞蓝藻，打捞效果甚微。2011 年 3 月 9 日到 3 月 21 日，向水库投放了鲢、鳙鱼 17.8 吨，41737 尾，按投放鱼种重量计算，鲢鳙比约为 7 比 1。到 2011 年 4 月中旬，东风水库蓝藻水华消失。2012 年投放鲢鳙 12.7 吨，2013 年投放鲢鳙 22.5 吨，2014 年投放鲢鳙 49.9 吨、草鱼 1.9 吨，2015 年投放鲢鳙 7.2 吨，2016 年投放鲢鳙 17.3 吨，2017 年投放草鱼 4.9 吨，七年共投放鱼种 134.2 吨，其中鲢鳙鱼 127.4 吨、草鱼 6.8 吨。六年来，东风水库未出现蓝藻水华，水质越来越好。

武汉东湖上世纪 70 年代至 1984 年间每年夏季出现蓝藻水华，1985 年起突然消失，至今没有重现。刘健康院士通过 3 次原位围隔试验认为主要原因是 1985 年开始，东湖内鲢、鳙放养密度达到 46～50g/m³，有效遏制了蓝藻水华。

（4）双壳贝类

富营养化水体生物调控方法主要有利用水生高等植物粘附、吸附和鱼类的捕食等。然而，水生高等植物的调控必须有足够的透明度，鱼类必须有足够的溶解氧，在富营养化严重的劣Ⅴ类水体中，上述指标往往限制了这些生物的生长。由于蚌类生活在水底，具有较强的耐污和耐重金属能力，且过滤和同化作用强。因此，以蚌为主的生物修复方法修复受污染水体，易于操作，在经济上也是可行的。

双壳贝类属杂食性滤食软体动物，所食的浮游生物和有机颗粒不仅包括浮游植物、原生动物、有机碎屑等传统饵料，而且包括细菌、浮游动物，甚至溶解有机物等营养源。双壳贝类行动能力相对较差，生活水域固定，个体体型在底栖动物中较大，易于辨认且生活史长，对重金属和有机物等污染物具有较强的富集能力。除具有上述生态功能外，还可为其他底栖动物提供生境，死亡双壳类的贝壳同时为浮游动物、底栖动物等提供了良好的避难场所，降低了其被捕食的几率。有研究表明：三角帆蚌能通过过滤大量水体摄取浮游植物，在一定程度上能有效控制浮游植物的过量生长，达到控制水华、改善水质的目的。

目前国内的研究都是小尺度探索性研究，且基本都是侧重于研究浮游植物和水体理化指标的变化，利用滤食性贝类成功恢复受污染水生态系统的例子还未见报道。双壳贝类应用于富营养化湖泊恢复虽然具有一定潜力，但仍有许多问题需要进一步研究，只有弄清楚这些问题才能更好利用贝类进行湖泊等生态系统的修复。

9.1.4 常见水质净化方法优缺点分析

在库区水质保障体系中，通常是物理-化学-生物技术的联合应用，各种水质保障技术特点如表9-1所示。生物调控技术是通过改善水生态系统结构，增强水体自净功能，环保经济，应用广泛。但重建一个平衡稳定的水生态系统是一个长期管控过程，水质改善效果的体现存在一定滞后性。因此，在系统构建前期，或突发水质事件中，可借助于物理、化学方法，快速改善沉积物或水体质量。

表9-1　　　　　　　　　　常见水质保障技术比较

技术分类	技术名称	适用污染类型	治理机制	工程造价	运行维护	其他特点
物理方法	生态清淤	严重底泥污染	移除内源污染物	高	简单	水质改善效果不明确，且时效有限
	人工增氧	严重有机污染	促进有机物降解	较高	相对复杂	对深水水库效果明显，但能耗高
	原位覆盖	多种污染类型均适用	隔离受污染的沉积物	较低	简单	适用于弱水动力环境，会挤占库容
	生态引水	多种污染类型均适用	稀释污染物	高	复杂	投资大，工期长，受自然条件制约
化学方法	除藻剂、絮凝剂等	富营养化、重金属等	将污染物转化为非溶解态固定	较高	简单	见效快，但可能存在生态负面效应，通常用于应急

技术分类	技术名称	适用污染类型	治理机制	工程造价	运行维护	其他特点
生物—生态方法	水生植物	富营养化、有机污染	吸收并促进污染物降解	低	相对复杂	需定期收割或打捞
	微生物	有机污染	降解吸收污染物	较高	简单	受水温、溶解氧等的影响
	鱼类	富营养化	捕食藻类	低	简单	控藻效果好
	双贝壳类	底泥有机污染物	摄食污染物和藻类	低	简单	适用于污染严重水体的生态修复

9.2 调水调蓄水库水质管理案例

9.2.1 深圳水库库尾生物硝化工程

深圳水库是东深供水工程最后一站，也是向香港、深圳供水的调蓄水库。东深供水公司于 1998 年底在深圳水库库尾建成生物硝化工程，对进库原水进行预处理，增加了一道防突发污染屏障。工程由进水沉淀池、生物处理池、鼓风曝气系统、中控系统及附属设备等多部分组成，其核心部分为 6 组生物处理池，设计日处理水量 400 万 m^3。采用生物接触氧化工艺，对原水实施生物硝化处理，在生物处理池内设置填料作为微生物生长载体，利用附着在填料表面上的天然生物膜吸附、分解、氧化水中的有机物污染物及氨氮。水体经过天然生物膜的处理实现水质净化，然后进入深圳水库。该工程长期以来运行稳定，对氨氮去除率达到 75%，溶解氧增加 35%，供水水质得到提升。部分工程设施见图 9-5、图 9-6、图 9-7。

2019 年以来，规划实施水质保障工程设施更新改造，主要是生物硝化工程廊道水下部分设施的更新，分 5 年逐步实施 6 条水质净化廊道改造计划，以保证生物硝化工程对深圳水库水质的改善和提升作用。

9.2.2 北京市南水北调调蓄库水质保障生物净化工程

在北京市南水北调工程中，大宁调蓄水库、亦庄调节池以及团城湖调节池作为三座调蓄库池，主要发挥其汇水、分水以及调蓄的功能。在南水北调工程突发事故或检修时，调蓄水库可以作为应急水源保证供水安全，向各个水厂分水。若水体发生富营养化，则对水厂运行、饮用水水质、管网等造成不利影响，直接关系到人民群众的身体健康与生命安全和社会稳定。

从目前来看，三座调蓄水库并没有被调用分水功能，导致其在库区存放的水体更换频率低，存放周期长，流动性较差。通过采取生物操纵技术，避免调蓄水库出现富营养化现象，有利于切实保障供水安全。

对三座调蓄库池采用生物操纵的形式，即向水体中投放滤食性鱼类——鲢、鳙鱼，通

图 9-5　工程布置图

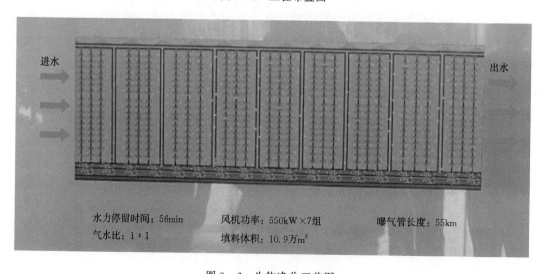

水力停留时间：56min　　　　风机功率：550kW×7组　　　　曝气管长度：55km
气水比：1∶1　　　　　　　　填料体积：10.9万m³

图 9-6　生物净化工艺图

图 9-7　生物净化工程中控系统

过鲢、鳙鱼摄食浮游生物使氮、磷转化为自身的鱼体蛋白，再通过捕捞的形式将氮、磷从水体中去除，从而净化水体，增强调蓄水库抗藻类爆发的能力。大宁调蓄水库 2018 年共投放 20 吨鱼类（主要为鲢、鳙鱼），亦庄调节池因 2017 年藻类情况异常，在 2018 年并没有进行投放鱼类作业，团城湖调节池 2018 年共投放 9 吨鱼类（主要为鲢、鳙鱼）。

水生态持续监测结果表明大宁调蓄水库水质状况良好。2018 年总氮监测数据基本不超过 1mg/L，氨氮含量符合地表水 I 类标准；总磷含量介于 III 类至 IV 类标准之间，大部分时期符合地表水 III 类标准；高锰酸盐指数在 3mg/L 至 4mg/L 之间；从分析结果来看，大宁调蓄水库水质各项指标比 2017 年更加稳定。

亦庄调节池 2018 年的监测数据表明其水质较为稳定；总氮含量大部分时间在 1mg/L 以下，氨氮含量全年符合地表水 II 类标准；总磷含量在地表水 II 类至 IV 类标准之间；透明度显著提升，营养状态稳定在中营养型。

团城湖调节池总氮含量稳定在 1mg/L 左右。氨氮含量在 2018 年下半年可以达到地表水 I 类标准；总磷含量相比 2017 年有小幅度的上升，但大部分时期符合地表水 III 类标准；高锰酸盐指数相比 2017 年有所下降；藻密度略高。

从鱼类调查情况来看，大宁调蓄水库的鱼类生长状态最佳，捕捞出鱼体规格大，说明鱼类对水库中的浮游生物利用率高，水库情况适合鱼类生长，结合水质变化情况，可以看出大宁调蓄水库实施生物操纵的形式来维护水质安全是有效的，应继续实施下去，使水库的生态循环良性发展。亦庄调节池库容较小，周边无大型建筑物遮挡，池底为硬砌结构，生态结构较单一，不适合鱼类正常生长，应寻找其他维护水质安全的净化手段。团城湖调节池的鱼类生长状态一般，虽然池底为硬砌结构，但调节池拥有桥、岛、亭等建筑设施，为鱼类生长营造了良好的环境，需进一步跟踪监测其水生态变化情况。

9.3　清林径水库水环境主要问题

（1）地表径流水质较差。深圳市雨季较长，暴雨（日降水量大于 50mm）和大暴雨（日降水量大于 100mm）时有发生。强降雨冲刷会造成短时间内大量氮、磷、有机物质等污染物随地表径流进入水库，形成面源污染。

（2）库区新增淹没范围内，由于林木砍伐形成大面积裸露坡面，雨季地表径流的挟沙能力和对水体的扰动能力较强，使得库区滨岸带附近水体浑浊，水质迅速变差。

（3）正常运行后可能存在消涨带面源污染问题。根据第 8.3 小节对两种调度工况的模拟结果，在清林径水库正常运行阶段，库区将会出现一个 4～6m 宽的消涨带，消涨带高程大约为 75～81m。消涨带通常无植被分布，雨季可能存在面源污染问题。

（4）调水水质相对较差，会对清林径水库整体水质产生较大影响。同时库区水动力条件弱，尤其是支流库弯，有暴发水华的风险。

（5）水库表层沉物整体处于有机氮污染状态，在特定环境下可能成为内源污染，对库区用水安全构成潜在威胁。

（6）供水安全存在一定风险。水位达到 79m 常水位后，中下层水动力进一步减弱，且春夏季节有明显的水温分层现象，库区上游及支流库湾底部水体可能出现缺氧和厌氧状态，导致氨氮、铁、锰、磷等污染物的释放，影响供水水质。另外，目前两个取水口均位于库区底部，正常运行阶段均取底层水。在夏季水温分层期间供水安全存在一定风险。

（7）监测手段相对落后。目前清林径水库为人工水环境监测，结果相对滞后，无法支撑对突发事件的预警和及时应对；此外，清林径水库扩建后为季节性分层水库，目前水环境监测仅针对表层水体，不满足水体分层水库的需求。

9.4　面源污染源防治技术方案

9.4.1　清林径面源污染特点

目前清林径汇水区范围内植被覆盖率高，仅有轻微水土流失，面源污染较少。根据第 8.3 小节对两种调度工况的模拟结果，水库蓄水至常水位后的正常调度运行阶段，库区水位在年内有 4～6m 的波动。其中每年 8 月至次年 2 月为高水位运行阶段，水位保持在 79.5～80.8m；每年 3 月为供水阶段，水位迅速下降 2.5m 左右；每年 7 月份为蓄水阶段，水位迅速上升 2.5m 左右；除此之外，雨季（4～9 月）大量降雨也会导致库区水位较快上升。也就是说，在清林径水库正常运行调度阶段，库区将会出现一个 4～6m 宽的消涨带，消涨带高程大约为 75～81m。

由于水库供水、蓄水调节和雨季、旱季交替，库区水位变动导致消涨带水淹、旱晒的极端环境交替出现。消涨带通常坡度较陡，水力侵蚀较强，而深圳地区水库消涨带主要土壤类型为砂页岩赤红壤和侵蚀赤红壤，抗侵蚀能力弱，土壤养分淋失严重，形成了极端贫瘠的环境。这种极端而贫瘠的环境导致消涨带范围内基本无植被，最高水位以上 1～3m

范围内无乔木。根据 8.3 小节的计算结果，清林径水库在 4～5 月（雨季）基本为低水位运行，裸露而脆弱的消涨带可能成为面源污染的主要来源，也是清林径面源污染治理的重点内容。

除此之外，清林径水库蓄满后水面面积增加 730.5hm²，淹没乔木、灌木和草本植被面积 666.7hm²，其中林木采伐面积为 494.08hm²。目前 494.08hm² 的林木采伐工程已完成，形成了大面积裸露坡面。这些裸露坡面均与水体相邻，在被淹没之前，是库区面源污染的主要来源。

9.4.2　清林径面源污染治理方案

清林径面源污染治理主要包括对滨岸带、消涨带植被群落的合理构建，以及裸露坡面的治理，其中滨岸带和消涨带植被整体布置方案如图 9-8 所示。

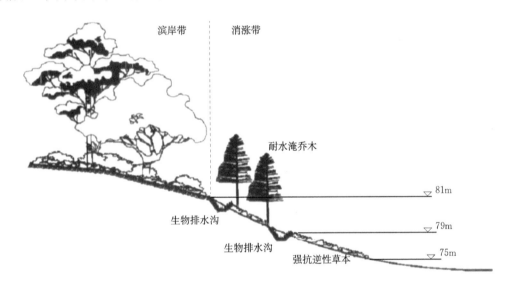

图 9-8　清林径滨岸带和消涨带布置示意图

（1）滨岸缓冲带建设

滨岸缓冲带具有过滤污染物和保护屏障的作用，可以减少地表径流中污染物浓度及入库污染负荷。清林径目前植被覆盖状况较好，建议对现状保存良好的植物岸带进行保护，对缺损部分进行修复和重建，尽量形成一个完整的滨岸植被缓冲带。护坡部分应该在确保运行安全的前提下，尽量采用生态型护坡，建设乔-灌-草绿化带，尤其是植株密度较高的草地，对污染物截留效果最好。

滨岸植被缓冲带建设中乔-灌-草种类和密度的选择可参考清林径目前植被群落结构特征布置。根据清林径现状植被调查结果，建议乔木以马占相思为主，灌木以桃金娘、芒其、春花等为主，草本以黑莎草、乌毛蕨、象草等为主。

（2）消涨带生态建设

消涨带贫瘠、极端的环境，要求植被具有较强的耐水淹能力。常见乔木的耐水淹能力如表 9-2 所示，例如落羽杉在水淹环境中，为了避免根系窒息死亡，部分根系可垂直向上生长，伸出水面形成棕红色筒状呼吸根。呼吸根内有许多发达的气道，能起到呼吸、固着、储存养分等作用，能适应水淹、干旱、贫瘠、污染等环境。3 年生落羽杉小树水淹 6 个月，落水后均能正常生长。落羽杉、池杉等也是三峡库区消涨带防护林主要树种。广州地理研究所在新丰江水库消涨带植被恢复试验结果表明，李氏禾在水淹 5m，淹没时间 7 个月的情况下，出露后能迅速返青，且长势良好，具有抗旱耐淹耐贫瘠的生物学特性，能有效减少坡面径流，防止水土流失，非常适合用于水库消涨带植被恢复。

表 9 - 2　　　　　　　　　　　　　常见乔木耐水淹能力比较

耐水淹能力	乔木种类
一般	榕（Ficus microcarpa）、水蒲桃（Syzygium jambos）、黄槿（Hibiscus tiliaceus）、水石榕（Elaeocarpus hainanensis）、大叶榕（Ficus virens）、红千层（Callistemon rigidus）等
较强	水杉（Metasequoia glyptostroboides）、白千层（Melaleuca leucadendron）、山地木麻黄（Casuarina junghuhniana）等
极强	水松（Glyptostrobus pensilis）、落羽杉（Taxodium distichum）、池杉（Taxodium ascendens）、水翁（Cleistocalyx operculatus）等

在设计常水位至运行高水位之间种植耐水淹极强或较强的乔木，林下种植抗逆性强的草本植物；在设计常水位至运行低水位之间仅种植抗逆性极强的草本植物。建议乔木选择落羽杉、池杉等耐水淹能力极强的树种，草本植被以抗逆性极强的李氏禾、铺地黍为主。

除了对消涨带植被进行恢复，还建议对现有截污沟进行生态改造，并在消涨带范围内修建生物排水沟。在消涨带上布置生态截污沟或生物排水沟，在降雨时能截留一定的污染物，多余的水量通过溢流进入下方的草地进一步净化，然后排入水库。在水位上涨时沟内能蓄积一定的水量，提高土壤含水率，增强低水位运行时植物的抗旱能力。

（3）交通污染防治措施

"武深高速"经过清林径水库库尾，库区蓄满水后沿库长度约 2.6km。此段高速全线应设置交通警示标志，提醒危险物品运输车辆减速慢行，降低污染事故风险，并设防撞栏杆，实施封闭化管理，防止事故车辆倾翻。还应设雨水导流管，将路面雨水排至库外，如出现公路交通事故，将事故污染物阻挡在库外，降低污染风险。

（4）裸露坡面水土保持临时措施

建设项目水土保持临时措施主要有 3 类：①临时工程防护措施，主要包括挡土墙、截污沟、排水沟、护坡等；②临时植物防护措施，主要包括种树、种草、树草结合或种植农作物等；③其他临时措施，如开挖土方的及时清运、集中堆放、平整、碾压、削坡开级、覆盖等。

清林径水库裸露坡面适用的工程防护措施为挡土墙或截污沟，可以截留部分被冲刷下来的土壤等颗粒物，减少水土流失。但裸露坡面面积大，工程量非常大；此外裸露坡面大多坡度较大，土质松软，雨季产生的淤积物数量多，挡土墙或截污沟可能会淤积严重，单独的挡土墙或截污沟适用性有限；且随着水位上涨，挡土墙或截污沟高程需要逐年调整，工程量大。因此不建议单独使用临时工程措施。清林径裸露坡面也不适合种植植被，否则将面临重新清理的局面。其他临时措施中以覆盖为主的防护措施应用最为广泛，水土保持的作用也较为明显，工程量小，也适合清林径裸露坡面的情况。

根据以上分析，建议清林径水库在蓄满之前，所有裸露坡面均以覆盖薄膜，减少水土流失；取水口所在的两个库湾对水质要求更高，建议相关裸露坡面在覆盖薄膜的基础上，适量开挖截污沟，进一步减少水土流失对水质的影响。

9.5 调水水质提升技术方案

根据第 8.3 小节对水库正常运行调度期间库区水质的模拟结果，在外调水入库期间，受外调水的影响，2 号和 3 号隧洞所在的库湾总氮浓度较高，符合地表水Ⅲ～Ⅴ类标准。建议通过设置前置水体处理空间，提升调水水质。来水经过前置空间集中处理，可改善库区整体水质，降低全库区水质净化成本。根据现有和未来规划调水工程布局，在调水工程进水口附近，选择相对封闭的库湾作为水质前置处理空间。

建议将图 9-9 所示的 2 号隧洞和 3 号隧洞所在库湾作为外调水前置处理空间，建设调水水源净化工程，主要工程措施为拦网漂浮植物及生态浮床＋生物膜＋人工曝气组合技术的应用，下面将结合模型预测结果和文献资料总结，给出植物配置的初步建议。工程实施前有必要根据初步建议开展现场实验，进一步优化植物配置及其布置方式、面积等。

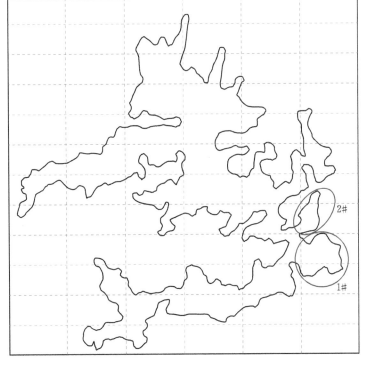

图 9-9 来水水质提升工程位置示意图

（1）拦网漂浮植物养殖

通常外调水会在雨季集中入库，库区水位上涨较快，建议拦网养殖漂浮植物，促进外调水中污染物的降解和去除。水生植物体和植物根系会在水中形成浓密的网，能够过滤和吸附水体中大量的悬浮物质，同时，植物根系表面会逐渐形成生物膜，生物膜上的微生物可以有效吸收和代谢水体中的污染物质，并将其转化为无机物，漂浮植物不仅能净化水质，还能通过遮挡阳光抑制藻类的光合作用，减少藻密度，降低水华爆发的风险，提高水体透明度。漂浮植物建议选择净化能力强的浮萍、菱等，但他们容易过度繁殖，需要定期打捞并利用围网控制其分布范围。

（2）生态浮床＋生物膜＋人工曝气组合技术

生态浮床可随水位波动而上下移动，在设计合理的情况下可不受水位波动的影响，因此可利用生态浮床技术对前置处理空间中的外调水进行预处理。同时可在浮床下悬挂生物膜基质，如图9-10所示，以增强净水能力。根据第8.3小节模拟结果，外调水入库期间，水动力受到较为强烈的扰动，底部水体溶解氧浓度基本高于4mg/L，处于好氧状态，因此外调水入库期间不需要通过人工曝气的方式额外增加溶解氧浓度。

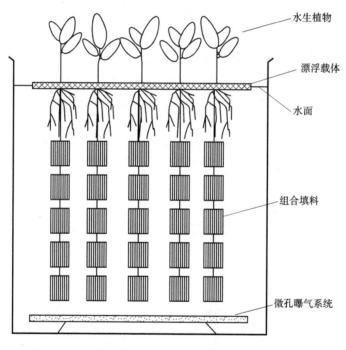

图9-10　生态浮床＋生物膜＋人工曝气组合技术示意图

夏季非调水期间，库湾内依然存在水温分层及底层水体缺氧（小于3mg/L）、总氮浓度偏高等问题。因此在夏季非调水期间，有必要开启人工曝气装置，为底层水体补充氧气。人工曝气建议选择微纳米曝气技术，除了补充底层水体溶解氧浓度之外，还能净化水质。根据清林径蓄满后水温模拟结果，4月至7月为稳定分层期；8月至9月由于持续降雨和气温逐渐降低的影响，温跃层无法持续、稳定存在，为分层减弱期。因此建议4月中旬至6月中旬，常规开启曝气装置；6月中下旬至7月末为蓄水期，无需曝气；8月根据天气及水温分层情况决定是否开启曝气装置。微纳米曝气也有水质净化的作用，在水库供水期间，如果水质较差，也可以开启曝气装置改善供水水质。

浮床植物优先选择本地物种，同时要求植株生长迅速，根系发达，对污染物有一定耐受能力和较强的吸收能力，挺水植物建议选择以总氮去除率较高的菖蒲为主，辅以芦苇、香蒲、水芹等，沉水植物以总氮去除率高的马来眼子菜、苦草、黑藻为主，辅以大聚藻、狐尾藻等。生物膜建议采用常见且挂膜效率高的丝状尼龙或片状碳纤维布。

9.6 库区水环境改善技术方案

根据沉积物质量现状调查结果，清林径表层沉积物存在有机氮污染问题；根据水库正常运行调度期间库区水质的模拟结果，清林径存在夏季水温分层及其衍生的库区上游底层水体溶解氧含量低、库湾末端底层水体总氮和总磷浓度高，存在一定的水华风险。本小节将针对清林径水库以上两个方面的问题制定库区水环境改善技术方案。

（1）局部生态清淤

根据表层沉积物调查结果，沉积物中总磷和总有机碳含量较低，但总氮含量较高，整体处于有机氮污染状态，对库区水环境安全构成潜在威胁。如图 9-11 所示，表层沉积物总氮含量较高的采样点主要位于清林径库区上游，因此建议对该水域进行局部生态清淤。具体清淤范围及深度需要经过更详细的采样调查和分析论证才能确定。

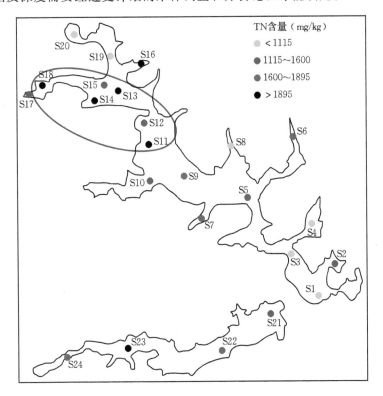

图 9-11　表层沉积物中 TN 含量分布图

目前清林径水库是猫仔岭水厂的主要水源地，在清淤期间需要不间断供水。为保证供水水质，在清淤过程中不允许水体产生较大的扰动或淤泥泄露污染水体，对清淤技术、设备、施工工艺、淤泥处置等都有非常高的要求。本研究根据深圳市石岩水库、深圳水库、西丽水库等水源水库生态清淤的经验，对清林径水库生态清淤工程的实施给出如下建议：①首先需要开展相关专题研究，明确库区不同位置淤泥厚度、淤泥量、淤泥性质，以及重金属、营养盐等各种污染物含量，为科学制定清淤方案提供基础。②结合各种清淤技术特点，建议采用环保绞吸式挖泥船清淤，扰动范围相对更小；建议开挖后的淤泥采用全封闭管道输送至干化处理站，减小淤泥泄露的风险。③清淤工作开始前，应划出清淤试验区，对工艺设计参数及施工措施进行调整和验证，证明可行后再正式开工。④施工顺序应根据水流方向和水下地形，按照先上游后下游，先高后低的顺序，尽量减轻二次污染。⑤清淤过程应划分清淤区块并编号，对每个区块进行坐标定桩，作业过程设置垂直水面的柔性全封闭拦污设施，将作业区块与其他水域分开，防止悬浮物扩散造成二次污染。⑥清淤过程中，如果水质恶化严重，建议增加曝气等辅助措施，减少底泥污染物的释放。⑦需要选择合适的场地作为淤泥干化场，淤泥余水需经过沉淀、曝气等多种措施处理后达标排放入库。⑧建议清淤过程放缓放慢，以水质保障为先，不要追求短工期而快速施工。

（2）人工曝气

根据第8.3小节模拟结果，清林径水库正常运行调度情况下，夏季存在明显的水温及水质分层现象，其中底层水体溶解氧浓度的分布如图9-12所示。库区上游支流库湾内底层溶解氧浓度低于3mg/L，库湾末端底层水体总氮浓度一般高于0.5mg/L。根据《深圳市城市供水水源规划（2020—2035年）》，清林径在夏季无供水任务，随着秋冬季节水温分层现象消失，底层水体溶解氧得到补充，水质有一定程度好转，因此夏季水温分层对冬季供水水质影响较小。但夏季库区上游的支流库湾由于水温分层，水质进一步恶化，加上水动力条件弱，存在一定的水华风险。

建议在库湾末端，水质相对较差，藻类容易聚集的位置，如图9-12所示，铺设微纳米曝气装置，补充底层水体溶解氧，同时净化水质，预防水华暴发。

（3）水生动物群落构建

为了控制蓝藻过度生长，建议投放滤食性的鲢鱼和鳙鱼。鲢鱼和鳙鱼的投放比例和密度与水质净化效果密切相关。山东省辛安水库开展的鲢鳙鱼原位修复水库水质试验结果表明，鲢鱼、鳙鱼按3∶1的比例、35g/m³的规模投放可使水质指标和藻类指标达到显著性改善（高锰酸盐浓度降低20.2%，氨氮浓度降低19.5%，总氮浓度降低20%；总磷浓度降低20.21%，藻类浓度降低69.3%，实验期间库区水质基本为Ⅲ类。）。在天津于桥水库开展的现场实验表明，鲢鱼、鳙鱼放养比例为1∶2，密度为20g/m³对水华有很好的抑制效果。在云南省昆明市的云龙水库开展的原位试验结果表明，鲢鱼、鳙鱼按1∶3的比例、20g/m³的规模有利于改善库区水质。

建议在支流上游及较大的库湾内开展滤食性鱼类拦网放养活动，拦网位置如图9-13所示。放养鱼类建议选择滤食蓝藻的鲢鱼和鳙鱼，并建议在相对较小的1#库湾开展鲢、鳙鱼放养比例及密度优化实验，再根据实验结果确定2#和3#库湾的具体投放方案。

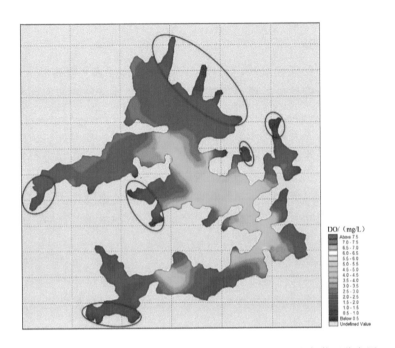

图 9-12   清林径水库夏季底层水体溶解氧浓度和人工曝气装置分布图

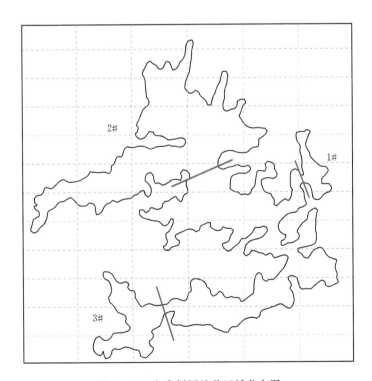

图 9-13   鱼类拦网放养区域分布图

9.7 本章小结

本章总结了目前常用的原位水质净化技术，结合清林径水环境现状及模拟预测结果，提出清林径水库水质保障的面源污染治理技术、调水水质提升技术和库区水环境改善技术方案。归纳为如下要点：

（1）面源污染治理技术方案。主要包括滨岸缓冲带建设、环库消涨带生态建设、交通污染防治措施和裸露坡面水土保持临时措施，对地表径流中的污染物进行截留，减小入库污染负荷，降低交通事故引发的水体污染风险。

（2）调水水质提升技术方案。将2号和3号隧洞所在的库湾作为前置库使用，并在前置库水域拦网养殖漂浮植物，建设生态浮床＋生物膜＋微纳米曝气措施，外来水经过前置库净化后再进入整体库区。

（3）库区水环境改善技术方案。主要包括对库区上游沉积物污染严重的水域进行局部生态清淤；库区上游及支流库湾内建设微纳米曝气设施，在夏季水温分层期间进行人工曝气；在库区上游及部分库湾投放滤食性鲢鱼和鳙鱼抑制蓝藻过度增殖，并建议开展现场实验以确定最优投放密度和比例。

第10章

库区水质保障管理方案

10.1 分层取水方案

10.1.1 分层取水的必要性

在湖泊和水库中，由于水动力减弱，水体掺混强度小，随着水深的增加，不同深度水体的水温存在较大差异，从而容易出现密度分层现象。当水体出现密度分层时，在适宜的位置设置取水口，且取水流量满足一定条件时，则只有以取水口为中心的上下一定范围内的水体流向取水口，形成取水层，取水层外的水体则保持静止（见图 10 - 1）。水体密度梯度越大，取水层厚度越小，选择性取水的效果也越好。在工程中，通过合理设置取水口，可以抽取不同水层的水体，以减小下泄水流对环境或人类生产生活的不利影响。

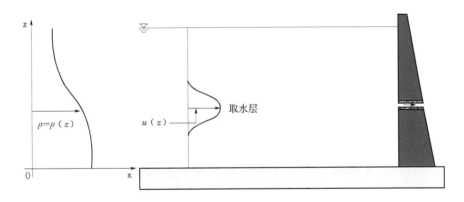

图 10 - 1 分层取水示意图

对于坝体较高的水电站而言，春夏季节，随着气温的升高，水库中的水体出现水温分层，表层水温高、底层水温低。低温水下泄将影响水稻等农作物的产量，影响鱼类等水生动物的生殖繁衍。在电站进水口设置分层取水装置，将表层水体导向下游河道，可大大减轻低温水下泄所产生的不利影响。国内外许多高坝大库均设置了分层取水装置，如中国的糯扎渡水电站、溪洛渡水电站、锦屏一级水电站，日本的下久保水库，美国的沙斯塔（Shasta）枢纽工程等，分层取水形式包括叠梁门和多层取水口等（参见表 10 - 1）。

表 10-1　　　　　　　　　　国内外部分工程分层取水概况

水库名称	工程位置	库容/亿 m^3	坝高/m	装机容量/MW	引水流量/m^3/s	分层取水型式	建设状态
光照	贵州	32.45	200.5	4×260	4×216.5	叠梁门，塔式	已建
滩坑	浙江	41.55	161.0	3×200	3×213	叠梁门，岸塔式	已建
糯扎渡	云南	237.00	261.5	9×650	9×393	叠梁门，岸塔式	已建
董箐	贵州	9.55	150.0	4×220	4×234.0	前置挡墙	已建
溪洛渡	四川	116.00	278.0	18×770	18×423.8	叠梁门，岸塔式	已建
江坪河	湖北	13.66	219.0	2×225	2×166.1	叠梁门，岸塔式	已建
锦屏一级	四川	77.60	305.0	6×600	6×337.4	叠梁门，岸塔式	已建
亭子口	四川	34.68	115.0	4×275	4×432.0	叠梁门，坝式	已建
两河口	四川	101.50	293.0	6×500	6×248.6	叠梁门，岸塔式	已建
双江口	四川	31.15	314.0	4×500	4×272.5	叠梁门，岸塔式	在建
白鹤滩	云南	206.00	289.0	16×1000	16×548.0	叠梁门，岸塔式	在建
Shasta 枢纽工程	美国	56.15	183.5	629	538	多层取水口	已建
Hungry Horse	美国	42.78	171.9	4×428	4×110	多层取水口	已建
下久保水库	日本	1.30	129.0	—	120	多层取水口	已建
手取川水库	日本	2.31	154.0	—	180	多层取水口	已建

　　利用分层取水技术可以获取不同水温或不同水质的水体。日本于20世纪初开始应用分层取水系统，至20世纪70年代，大部分水坝均已采用该技术，作为水库水质控制的重要管理手段，并通过在堤坝底部安设冲刷阀，将水质较差的原水冲走。2000年，日本水资源环境中心对分层取水技术在日本的运行情况进行了小范围调查，在调查的21座水坝中，采用连续表面取水（水下3m取水）以避免冷水排放的水坝有16座，采用底部取水的有1座，根据季节或者水情灵活调整取水位置的有4座。

　　深水型水库在夏季容易产生水温分层现象。有机质在水库深水区的沉积和降解会导致水库底层缺氧环境的产生，从而引起沉积物中铁和锰的释放，导致上覆水体中铁和锰的浓度升高。许多供水水库都发现了底层水体铁或锰超标现象，比如英国的麦哥特（Megget）水库，澳大利亚的欣兹（Hinze）水库，古巴的帕索百利塔（Paso Bonito）水库，贵州的阿哈水库，青岛的王圈水库，台州的长潭水库等。欧洲和北美的研究表明，通过长期的底层抽水的措施可以显著减少水库营养盐和电化学还原物质含量，改善水库的水环境质量。

　　水库不仅水动力较弱，同时也是营养盐汇聚区，水体中的氮、磷等营养盐浓度相对较高，在春夏等高温季节，表层水体容易诱发蓝藻水华。含藻水体不仅容易堵塞取水设施，增加水处理费用；同时，部分藻类，如微囊藻、鱼腥藻、束丝藻、颤藻等，会分泌藻毒素，对人体健康带来不良影响。此外，藻类代谢分解产物土臭素和甲基异冰片会造成饮用水异臭味，二者的阈值很低，都在 10ng/L 以下，容易被人感知而引起市民投诉。因此，许多水源水库的取水口均设置了分层取水装置，以获取优质水源，降低水处理费用。

福建省宁化县东坑水库，最大坝高 38.8m，库容 244.2 万 m³，正常蓄水位 543.00m，死水位 527.50m。根据水库兴利库容和运行调度方式，取水口分层按 8m 左右控制，采用双层取水结构，在 535.10m 和 526.50m 两个高程分设取水口。535.10m 为 1 号取水口，库水位 536.10m 以上时取水；526.50m 为 2 号取水口，库水位 527.50m 以上时取水。取水口设置工作闸门进行控制。

吴涛等分析了大黑汀水库水质的时空变化特征，发现表层水体中总氮浓度在冬季最高，夏季次之，春季最低；总磷浓度在冬夏较高，春秋次之。水体热分层主要出现在夏秋季，溶解氧分层主要表现在秋季。因此，建议引水口高度选择在中层水体，尽量避免引用表层水体或扰动底层水体。

杨晓红等分析了老虎潭水库水温分层及水质垂向变化规律。老虎潭水库位于浙江省湖州市境内，总库容 9966 万 m³，2008 年蓄水，2010 年正式供水，日供水能力达到 22 万 t。研究表明，春季上层水藻类水华爆发、夏秋季中下层水库铁锰超标现象，应采取分层取水，以减轻对饮用水水质的影响。

姜欣等分析了碧流河水库中季节性悬浮物行为对铁锰迁移的影响，研究表明，碧流河水库温跃层上界面和氧化还原界面在高程 49.00~50.00m 处。现有输水隧洞底高程为 42.50m，混合期容易受到沉积物释放向上传输和再悬浮的影响，应当从水库上层取水，水库正常蓄水位为 69.00m，可在 60.00m 左右增设取水口。

因此，对于水源水库而言，通常应设置分层取水口，从水库中层水体中取水，以获取优质水源，减小水华爆发和底层营养盐浓度较高等不利因素的影响。

清林径水库底质铁、锰浓度相对较高。猫仔岭水厂取水口中，2♯洞启闭塔底坎高程 46m，取水口位于水库底部；3♯洞底坎高程 51m，取水口距水库底部约 5m。现场水质监测结果表明，2♯洞水体中氨氮、铁、锰等元素含量超标，3♯洞处水质符合供水标准。上述监测结果表明，清林径水库在夏季高温季节可能出现了水温分层现象。由于水温分层，上下水体掺混减弱，底层水体中溶解氧浓度降低，有机质发生厌氧发酵，产生氨氮，pH 值变低，致使胶着态或沉入底部泥沙中的铁锰向上溶出释放，因此，库区底部水体铁、锰和氨氮浓度增加。

合理设置分层取水口是解决清林径水库取水问题的首选方案。本章简要分析目前国内外分层取水结构型式及其优缺点，并提出清林径水库分层取水的初步建议。

10.1.2 分层取水技术现状分析

根据分层取水建筑物的水流特点，可以将分层取水建筑物分为四类：多层取水建筑物、多层溢流式取水建筑物（叠梁门）、浮式管型取水装置、控制幕取水装置。其中多层取水建筑物和溢流式取水建筑物多应用于大型水利工程；浮式管型取水装置和控制幕取水装置多应用于中小型水利工程。

（1）多层取水建筑物

多层取水建筑物依照水库水位及所需的取水水温或水质条件，在垂向上布置多个孔口（见图 10-2），由闸门、引水管道和过水廊道组成，水流流态多为孔流，可分为斜卧式和塔（井）式两类。

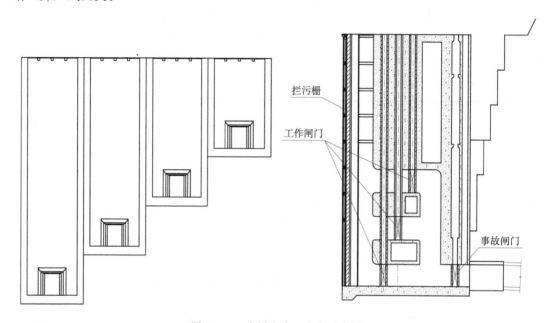

图 10-2　多层取水口方案示意图

中小型水库在早期所修建的分层取水建筑物大多采取斜卧管式，总体布置如图 10-3 所示，由斜卧管、闸门、消力池和进水涵管组成，这种取水建筑物在小型水库与塘堰中已有成熟经验。一般将取水斜卧管布置在土坝上游或坚实山坡上，分级做成阶梯状进水孔，每级高度 0.3~1.5m，孔径 20~40cm，每个进水孔设闸门，通过人工或电动绞车进行启闭。水流经进水口进入卧管后，从坝下涵管或库岸隧洞将所需水量送入下游。斜卧管式取水建筑物的取水流量较小，结构简单，常用于小型灌溉水库，例如广东湛江武陵水库、江西德安东山水库等。

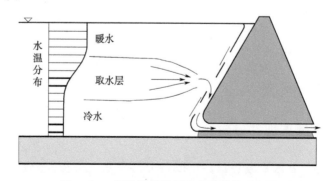

图 10-3　斜卧管式分层取水建筑物示意图

对于大型深水水库，其取水流量较大，一般采用塔（井）式分层取水建筑物，如图 10-4 所示。在库内设置垂直进水口，通过不同高程上的进水闸门，获取水库不同深度

的水。可利用人力、电力来控制闸门运行，运行管理灵活。多层塔（井）式取水口一般应
用于大型的水利工程之中，例如美国的埃尔克里克（Elk Creek）、沙斯塔（Shasta）大坝
和格伦峡谷（Glen Canyon）大坝等。

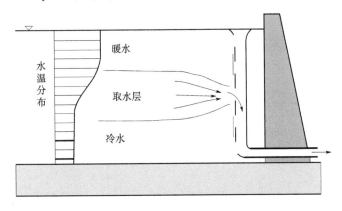

图 10-4　塔（井）式分层取水建筑物示意图

（2）多层溢流式取水建筑物

多层溢流式取水建筑物一般由挡水门、过水通道和取水管道组成。挡水门依据水库水
位、水温或水质分布以及下泄水温或水质的要求进行分层，采取门叶分节方式，由电力机
械控制，依据水库水位变化添加或吊起相应门叶。最常见的形式为叠梁门分层取水，即根
据水库水位的变化，提起或放下相应数量的叠梁门，从而达到取用水库表层较高温度水
体，提高下泄水温的目的，使下泄水温符合下游河道生态要求，如图 10-5 所示。

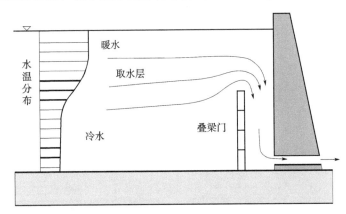

图 10-5　多层溢流式取水建筑物（叠梁门）示意图

此类分层取水设施适用于取水流量较大，水头较高的大型电站，能较好的控制下泄水
体温度，如日本下久保水库、我国糯扎渡、溪洛渡和锦屏一级等大型水电站均采用此种取
水方案。嘉陵江亭子口水电站分层取水进口布置叠梁门 10 节，单节门高 2.8m，锦屏一级
水电站分层取水进口叠梁门布设 3 节，单节门高 14m。

尽管叠梁门在实现控制低温水下泄方面效果较好，但是由于叠梁门方案中需增设
较多闸门，闸门启闭和门库的协调调度等不确定因素增加，对电站运行以及闸门检修
等提出了更高的要求；而且叠梁门的不对称开启可能导致竖向河道水流出现环流、漩

涡等有害流态，严重的将引发结构振动，危害工程安全；此外叠梁门的设置需要完整的闸门槽及配套建筑物，宜在工程规划阶段就加以考虑与设计。对于已经投入运营的水电站并未规划建设其相应配套工程设施的，如果重新设置，将会面临较大的工程难度。

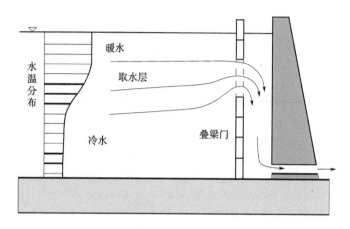

图 10-6　多层溢流式取水建筑物（叠梁桁架门）示意图

（3）浮式管型取水装置

根据管路取水的结构型式可分为浮式管型取水口和虹吸管型取水口。浮式管型取水装置有取水塔式（垂直）和悬臂式（任意角度）两种，如图 10-7 所示。通常由浮子、取水口和取水管道组成，悬臂式还有铰链用于调节取水管的角度。此装置利用浮子所产生的浮力支撑整个取水口和取水管的重量，取水管为了适应水位变化为柔性装置。浮式管型取水装置具有结构简单，运行管理方便的特点，适用于水头和流量较小的灌溉型水库，如江西枪桐水库、吉林永林水库、日本的深山水库等均采用此种分层取水口。

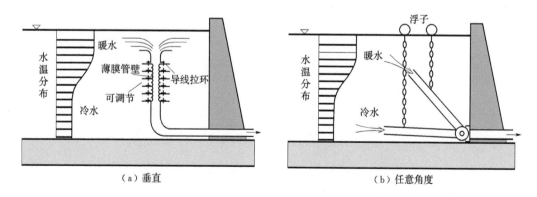

（a）垂直　　　　　　　　　　　　　（b）任意角度

图 10-7　浮式管型取水口示意图

虹吸式取水装置由虹吸取水管、排气管和真空泵等组成，如图 10-8 所示。虹吸管垂直段固定在坝前，斜管段固定在坝后取水，利用虹吸作用将库内上层水引出。主要适用于小流量水库。

日本开发出一种垂直层叠虹吸架式分层取水系统，通过在倒 U 型的虹吸管闸顶部充入或释放空气而实现闸阀功能，无须再装钢闸阀或绞车系统，具有建设成本低的优点，近

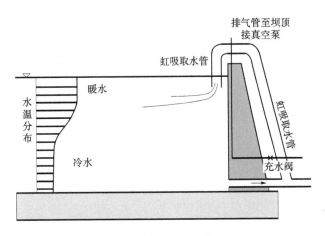

图 10-8　虹吸式管式取水装置示意图

年来在日本得到广泛应用。2011 年日本的西子米水坝最先采用该技术，共设有 13 座倒虹吸阀；2012 年日本鸟取县东部的 Tono 水坝也采用了这一技术，共设有 17 座虹吸闸阀。目前，仅获知该技术的示意图（参见图 10-9），具体技术细节尚有待深入调研。

　　（4）控制幕取水装置

　　控制幕取水装置一般由橡胶浮筒、线缆、控制幕、锚和引水管道组成。控制幕通常由柔性天然橡胶或多层防水布制成，悬挂于水库内，由浮筒的浮力带动控制幕做竖直方向的移动，可以达到仅抽取表层水体、仅抽取底层水体和表底层水体同时抽取三种不同的效果。目前，控制幕取水口在国内运用较少。图 10-10 为控制幕取水示意图，典型底部隔水幕结构示意图见图 10-11。

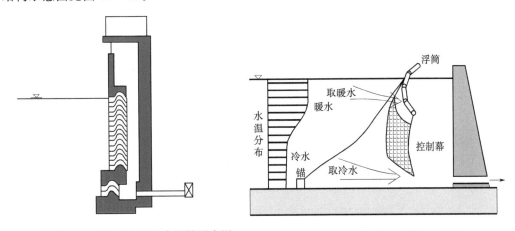

图 10-9　垂直层叠虹吸架式分层取水系统示意图　　　图 10-10　控制幕取水装置示意图

　　控制幕具有柔性，当其悬挂于表层，表层水体停滞时间延长，底层水体通过控制幕下表面流入引水管道；当将其置于靠近水库底层，底层水体受阻挡，表层水体以堰流的形式通过控制幕上表面进入引水道。该取水方式适用于中小型水库，在美国应用较多，如北加利福尼亚刘易斯顿水库和田纳西州切罗基水库，近年来国内也开展了控制幕取水装置在大型水库上的应用研究。

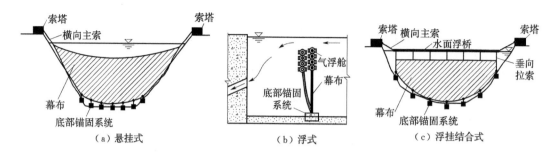

图 10-11　三种底部隔水幕结构示意图

10.1.3　分层取水装置优缺点分析

　　浮式取水口大多应用在小型取水工程中，出现的时间最早。溢流式取水建筑物一般用于大中型电站的分层取水。控制幕取水装置适用于中小型水库，目前在国内应用较少。不同型式取水装置的性能比较如表 10-2 所示。

表 10-2　　　　　　　　　　　　四种分层取水装置性能比较

比较项目	多层取水型式			
	多层取水建筑物	多层溢流式取水建筑物	浮式管型取水装置	控制幕取水装置
适用工程	所有工程	大中型水库	水头和流量较小的水库	中小型水库
取水层	任意层	表温层	表温层	表层、底层
取水量	受孔口限制	不受限制。适用于流量较大情况	受浮筒限制	与控制幕结构尺寸有关
结构型式	复杂	简单	简单	简单
控制设备	简单	复杂	简单	简单
运行操作	简便	复杂 分层数多，取水范围小，调度灵活；启闭操作复杂	简便	简便
工程造价	相对较高	规模大，造价高	低	低
运行维护费用	相对较高	运行维护费用高	天气、风浪对于悬浮装置运行影响较大，增加了管理难度	柔性材料使用寿命相对较短

10.1.4　清林径水库分层取水方案建议

　　（1）清林径水库水环境特征及供水需求

　　根据水温预测结果，蓄水后清林径水库表现出季节性分层特征，4—7 月为稳定分层期，垂向温差大于 5.8℃，温跃层位置为水深 4～11m 范围内。根据水质预测结果，稳定分层期库区上游及各库湾内均存在底层水体溶解氧浓度偏低，总氮等污染物浓度偏高问题，且有一定水华风险。

根据《深圳市城市供水水源规划（2020—2035年）》，清林径在正常运行调度情况下，一般在3月供水。3月为温跃层形成初期，在不利气象条件下，取水口附近底层水体可能存在溶解氧浓度偏低，污染物浓度偏高的问题，影响供水安全。此外，清林径水库为深圳市储备水源，有应急供水功能，如果在水温分层期需要应急供水，底层水体水质较差，可能无法满足供水要求。

目前清林径2号输水隧洞底板高程为46.00m，3号隧洞底板高程为51.00m。水温分层期间，通过目前的取水设施，只能取到底层水体，无法胜任3月份在不利气象条件下正常供水和夏季应急供水的功能。水温分层期间，上层水体水质相对较好，通过分层取水可以解决或缓解上述问题。

（2）清林径水库分层取水方案建议

根据上述几个特点，清林径水库分层取水设计中，需要考虑如下几个问题：

1）在高温季节，藻类易发期间，尽量避免抽取表层水体。老虎潭水库现场检测结果表明，藻类爆发期间，表层水体中藻密度可高达5000～8000万个/L，随着水深的增加，藻密度急剧减小。在水下8～10m，由于缺乏光照，限制藻类生长，藻密度降低至100万个/L左右，到12m以下，基本就检测不到藻密度值。因此，取水口应尽可能设置在水面10m以下。根据第8.3节正常运行调度情况下，供水期3月份清林径水位的变化范围约为75～79m，因此初步建议上层取水口取水高程设置为65m。

2）为了保证在应急或连续干旱年等特殊情况下，能最大化利用储备库容，需要在库区底层设置1个取水口，便于在水位较低时取水。但在启用底层取水口时需要避免抽取到水质较差的部分。根据模拟结果，水温分层期间，底部水体中氨氮、铁和锰的含量较高，水质较差，但距库底5m以上水域水质尚可。因此，底部取水口宜设置在距离库底5m以上的位置。目前2号隧洞底板高程为46m，曾出现过夏季取水水质较差的现象，且水库扩建后死水位为51m，因此建议下层取水口高程可设置为51m。

3）当库区水位低于70m时，上层取水口距离水面小于5m，部分时段可能存在无法取到优质水的风险。因此建议在上层和下层取水口之间设置1个中层取水口，高程约为58m，以适应不同水位取优质水的需求。

4）考虑到水库蓄水及正常运行过程中，每年有大量水质相对较差的东江水入库，同时将大量优质水供给各水厂，库区底部将积累大量污染物。在必要情况下可将库底营养盐浓度较高的水体排出，以降低库区营养盐负荷，提高水体的自净能力。目前2号隧洞底板高程为46m，可取底层水。建议将2号隧洞加以改造，使之与泄洪洞下游河道相连通，便于在温跃层期间排出底部受污染水体。

根据上述分析，清林径水库分层取水建议如下：设置3个取水口，表层、中层、底层取水口高程分别为65m、58m、51m。

（3）清林径水库分层取水装置分析

根据第8.3节正常运行调度情况下，供水期3月份清林径水位的变化范围约为75～79m，因此建议3个取水口高程分别为65m、58m和51m。因此，比较适合的取水装置型式是分层取水建筑物或虹吸式取水装置。

1）虹吸式取水装置

清林径水库分层取水装置最好设置 3 个取水口，取水口高程分别为 51.00m、60.00m 和 69.00m。因此，比较适合的取水装置型式是分层取水建筑物或虹吸式取水装置。下面将具体分析这两种取水方式在青林径的适用性。

虹吸式取水装置由虹吸取水管、排气管和真空泵等组成，参见图 10-8。虹吸式取水装置的最大优点：施工简便，建设费用低。施工过程中，无须构筑施工围堰。输水管道沿坝面铺设，过坝后，与水厂的输水管线相连即可。但虹吸式取水装置的最大吸水高度不超过 10.0m，通常为 8～9m。

虹吸取水管的布置方式有两种，沿坝面铺设或布置在坝体内。如果虹吸取水管沿坝面铺设，真空泵布置在大坝的顶部，利用真空泵抽取取水管内的空气，可实现水体自流。

由《清林径水库扩建初步设计》可知，清林径水库扩建后，正常蓄水位 79.00m，死水位 51.0m，汛期水位控制在 77.0m 以下。1～11 号坝的坝顶高程在 82.0m～83.4m 之间（参见表 10-3）。输水管道的直径约为 2.2m。因此，当坝高按 82.0m 考虑、最大吸水高度取 10.0m，库水位低于 74.20m 时，虹吸式取水装置将无法发挥作用。

表 10-3　　　　　　　　　　清林径水库坝顶高程

坝号	1	2东	2西	3	4	5	6	7	8	9	10	11
顶高程/m	82.0	82.3	82.3	82.0	83.2	82.6	82.0	82.3	82.3	82.9	83.4	82.0

如果虹吸取水管布置在大坝坝体内，管道底部高程 79.0m，真空泵布置在大坝的顶部。当最大吸水高度取 10.0m、输水管道直径取 2.2m 时，库水位低于 71.2m 时，虹吸式取水装置将不能发挥作用。与沿坝面铺设相比，坝体内设置取水管的高程降低了 3.0m，其运行范围将增加 3m；但需要在大坝内开挖施工，安装取水管道，施工费用将增加。

由《清林径水库扩建初步设计》可知，清林径水库运行水位在 51.0～79.0m 范围内变化，水库最大消落深度为 28.0m。采用虹吸式取水设施方案时，即使降低取水管的底部高程至 79.0m，当水库水位低于 71.2m 时，虹吸式取水设施无法发挥作用。由此可见，清林径水库水位变化范围大，虹吸式取水方式并不适用。

2）分层取水建筑物

分层取水建筑物由取水塔和取水管构成，塔内不同高度设置取水口，取水口与取水管相连，取水口的启闭由闸门控制。分层取水建筑物在施工过程中需要构筑围堰，施工比较复杂，施工费用较高，但是运行调度灵活，水库在不同运行水位均能抽取水质好的水体。

在水利工程中，闸门的型式较多，包括平面闸门、弧形闸门等，从表 10-4 中可见，平面闸门施工安装和检修简单、方便，可作为分层取水装置的控制设备。拍门（平面上翻门）尽管启闭力相对较小，但是，检修时需要抽干闸室，同时由于支臂和支铰的存在，加工、安装的精度要求比较高。

因此，对于清林径水库而言，分层取水装置可采用多层取水建筑物，取水塔设 3 个取水口，取水口的中心高程分别是 65.0m、58.0m 和 51.0m，取水口的启闭由平面闸门控制，启闭机设置在取水塔的顶部。此外，建议在取水装置附近沿水深布置多个水质监测仪器，实时监测水质的变化情况，根据水质监测结果，优化取水口的启闭，尽可能抽取优质水源。

各种形式闸门的比较

表 10－4

闸门类型	启闭力	闸墩	启闭时间	挡水形式	启闭水力条件	维护检修	施工安装	其他特点
平面直升门	较大	较高、较厚	较长	双向挡水	可动水启闭	可吊出水面检修	简单	启闭设备布置在闸门正上方，顺水流方向闸室短；门叶可在各孔口互换，对移动式启闭机适应性好；可利用水柱压力闭门，能减小门重或配重，门槽会影响流态。适合中小型水利工程
平面升卧门	较大	较厚	较长	双向挡水	可动水启闭	可吊出水面检修	简单	平面直升门的一种改进，可吊起平卧于闸墩顶部，排架高度低，但顺水流方向闸室长
平面上翻门	较小	高度、厚度小	短	双向挡水	可动水启闭	需抽干闸室	需安装固定的支铰组，制造、安装精度和土建要求高	埋设件较少、节省钢材，跨度较大时采用双吊点，需要考虑启闭设备同步性，一般在1～5m水头差范围内比较适用，造价较高，适合中小类型的水利工程
弧形闸门	较小	高度、厚度小	短	双向挡水	可动水启闭	需抽干闸室		顺水流方向闸室长，闸门所占空间大，埋设件较少，适用于中型水利工程
横拉门	较小		较长	双向挡水	静水启闭	需抽干闸室		需修建侧门库，闸门厚度较大、自重较重，侧稳性差，底台车易损
人字门	较小		短	单向挡水	静水启闭	需抽干闸室		不能在动水情况下启闭，门叶抗扭刚度小，常用于船闸，防洪闸
三角门	较小		短	双向挡水	可动水启闭	需抽干闸室		门缝不能完全关闭，占用空间大，造价高

10.2 运行调度方案

10.2.1 清林径运行调度现状及规划情况

清林径水库目前处于蓄水状态，根据东深、东江水源工程的调度规则，境外源水需首先满足水厂等供水对象的用水需求，多余水量输入清林径水库。2019年以来，东清输水工程在汛期将多余水量输送至清林径水库，使水位逐渐升高。2019年8月，东清泵站输水入库291万 m³；2020年3月输水入库141万 m³；2020年6—7月入库321万 m³。蓄水期间，清林径水库向猫仔岭水厂和坪地水厂供水，平均日供水量约为3.79万 m³/d。

参考《深圳市城市供水水源规划（2020—2035年）》，清林径水库蓄满后，在正常运行调度情况下，是东深供水工程和东江水源工程的调蓄水库，负责在东深和东江水源工程检修期（通常为3月），向苗坑水厂、坂雪岗水厂、猫仔岭水厂、坪地水厂、南坑水厂5座水厂供水，满足各水厂需求。根据该规划，东深供水工程每年向清林径供水1307万 m³，东江水源工程每年向清林径供水2088万 m³，合计3395万 m³；上述5个水厂的供水量分别为7.12万 m³/d、12.60万 m³/d、27.56万 m³/d、8.33万 m³/d、14.81万 m³/d，合计70.42万 m³/d。

扩建后的清林径水库首要任务为储备水源，仅在境外源水工程检修期或紧急情况下向外供水，并利用境外供水工程多余源水进行水量补充。清林径水库的运行调度需服从东深、东部水源工程的调度规则，其调度空间十分有限，下面仅根据研究结果提出运行调度相关建议。

10.2.2 清林径水库正常运行调度建议

（1）根据清林径水库水质年内变化规律，10月至次年2月为水体完全混合期，底层水体溶解氧能得到补充，有效遏制内源污染物释放。同时10月至次年2月为非汛期，水质受地表径流污染影响较小，该时段水质相对较好，能更好保障供水安全。因此建议境外水源工程检修期由3月调整为2月，供水期间密切关注垂向水质分布情况，必要时通过人工曝气或分层取水进行干预。

（2）东江来水总氮浓度较高，为地表水Ⅳ类或Ⅴ类标准，会对取水口所在库湾产生较大影响。根据模型计算结果，蓄水过程结束后，取水口附近总氮浓度有一个迅速降低的过程，大约持续2个月。因此建议即使境外供水工程有多余水量，清林径水库至少应在供水前2个月停止蓄水。

（3）根据模型计算结果，夏季4—7月清林径水库存在明显的温跃层，导致底层水体处于缺氧或厌氧状态，内源污染物释放，底层水质恶化。东江来水溶解氧浓度相对较高，能对进水口附近底层水体溶解氧进行一定程度的补充，且水位迅速抬升能在一定程度上削弱温跃层的影响。因此建议在4—7月蓄水，并建议分多次大流量集中时间蓄水，以增强蓄水过程水动力扰动对温跃层的削弱效果。

（4）根据模型计算结果，在不考虑外调水的情况下，汛期4—9月份库区水位上涨2.01m；在汛期外调水入库2183万 m³的情况下，汛期4—9月份库区水位上涨4.42m；在汛期外调水入库 3395 万 m³的情况下，汛期 4—9 月份库区水位上涨 5.30m。为了保证清林径水库蓄水不超过汛限水位 79m，应根据来年两大供水工程的调度计划，合理设计清林径水库 3 月底汛前水位，腾出足够库容并尽量减少弃水。

10.3　水环境监测方案

10.3.1　垂向水质在线监测系统

为实时掌握清林径水库进出水水质动态，设置垂向水质在线自动监测系统。根据相关规范，湖库型饮用水源地的水质自动监测点应设置于在入湖、库断面汇入口处。如无设置条件，则应设置于接近水厂取水口位置。避免设置在回水区、死水区以及造成淤积和水草生长茂密的位置。

（1）监测位置

垂向水质在线自动监测点两个，其中 1 号点位于 2 号隧洞附近，2 号点位于 3 号隧洞附近，平面位置如图 10-12 所示，监测垂向高程至少设置表、中、底 3 个。如果修建分层取水建筑物，建议监测点设置在分层取水塔附近，并根据取水口高程设置垂向监测高程。

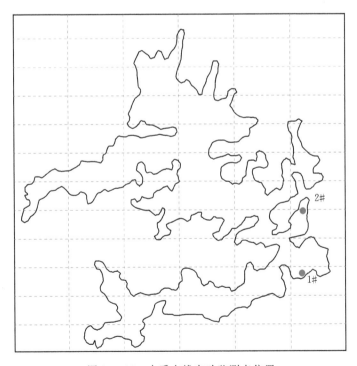

图 10-12　水质在线自动监测点位置

（2）监测指标和频次

监测指标包括水温、pH 值、溶解氧、电导率、浊度、高锰酸盐指数、氨氮、总磷、总氮和叶绿素 a。

监测频次可根据监测仪器对每个样品的分析周期来确定，最低监测频次须满足环境管理和水质分析的需要。在污染事故阶段或水质有明显变化期间可设置较高的监测频率；在以上条件允许时，还需充分考虑水质监测自动站运行的经济性，尽量减低运行费用。

监测频次常态情况下可设置为每 4h 监测一次（即每天 6 个监测频次，时点分别为 04：00、08：00、12：00、16：00、20：00、24：00），当发现水质状况明显变化或出现突发水污染事故时，应将监测频次加密为每 2h 一次。能连续监测的项目（如水温、pH 值、电导率、浊度、溶解氧等）可实时采集数据。

（3）监测系统建设

水质在线监测是由水质自动监测仪器、集成与控制系统、信息管理系统等构建的综合体系，实现水质的实时连续监测，达到及时掌握水源地水质动态变化的目的，地表水饮用水源地水质在线监测智能感知层和网络传输层系统结构如图 10-13 所示。

图 10-13　水质在线监测系统结构

在线监测应包括以下基本功能：

1）数据采集：具备监测数据及运行状态信息在线传输的功能；

2）数据存储：可收集并长期存储指定的监测数据及各种运行资料、环境资料以备检索；

3）报警：具有监测项目超标报警功能。

10.3.2　平面水质在线监测系统

（1）监测位置

为全面掌握清林径水库水质状况，有必要开展全库表层水体水质在线监测。监测点共10 个，位于库区上游、中游，以及主要支岔入口和面源污染风险区（图 10-14）。其中1～8 号点位于原清林径库区，9 号和 10 号点位于原黄龙湖库区。

（2）监测指标和监测频次

监测指标应包括水质与营养状态指标，即国家《地表水环境质量标准》（GB 3838—2002）中的 109 项。

在非汛期每月、汛期每周开展《地表水环境质量标准》基本项目（补充叶绿素 a 和铁锰）定期监测。视水华风险情况可加密到逐日。

在集中调水前后，各开展一次水源地全项（109 项）监测分析。

（3）监测结果分析与预警

可委托具备全分析能力并取得计量认证和上岗证的环境监测站完成数据分析工作。编写分析监测报告并报送给水库管理部门。

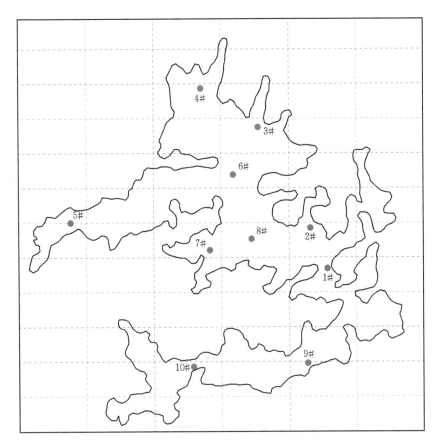

图 10-14　平面水质在线监测点位置

　　建立水质监测预警机制，结合自动监测结果及库周视频监控，实现外调水进水口预警、水华预警及突发污染事件预警。

10.3.3　水生态监测

　　为了解清林径库区生态环境质量及长期演变趋势，建议开展水生态系统监测，主要内容是生物多样性和生态系统健康状况，通过对植物、鸟类、爬行类、两栖类、鱼类、水生无脊椎动物等生物门类进行长期持续调查和监测，并对库区生态系统健康状况、保护和修复效果进行评估。监测评估的频次可以2~3年一次。

10.3.4　质量保证和控制

　　参数监测标准和评价方法应与国家标准、水利及环保行业监测标准和评价方法一致。监测数据实行逐级审核制度，监测任务承担单位对监测结果负责。监测数据应包括监测项目浓度值及对应的水质类别。水库管理相关部门对任务承担单位报送的监测结果进行审核和报送。

10.4　本章小结

（1）清林径水库 2 号隧洞和 3 号隧洞位于库湾内，蓄满水后夏季水温分层明显，水动力条件差，取水口附近底层水体存在总氮、总磷部分时段超标问题，建议修建多层取水建筑物，取水口中心高程分别为 65.00m、58.00m 和 51.00m，以满足正常或应急调度取用水需求。

（2）结合深圳市供水水源规划和模型计算结果，建议清林径水库在每年 4—7 月按照多次、大流量的方式蓄水，10 月至次年 2 月集中供水，且供水前至少 2 个月应停止蓄水，年置换水量不超过 3400 万 m^3，以保障清林径自身水质以及供水水质安全。

（3）建议在 2 号和 3 号隧洞附近建设垂向水质在线监测系统，日常监测频率为 4h；在主要库湾和支流上游设置 10 个平面水质在线监测点，按非汛期每月、汛期每周的频率开展日常监测；每 2~3 年开展一次库区水生态环境调查，对库区生态系统健康状况和修复效果进行评估。

主要参考文献

[1] Aksnes D L，Wassmann P. Modeling the significance of zooplankton grazing for export production [J]. Limnology and Oceanography，1993，38（5）：78-985.

[2] 陈弘. 大型水库分层取水下泄水温模型试验与数值模拟研究 [D]. 天津：天津大学，2013.

[3] 程先，孙然好，孔佩儒，等. 海河流域水体沉积物碳、氮、磷分布与污染评价 [J]. 应用生态学报，2016，27（8）：2679-2686.

[4] 此里能布，毛建忠，黄少峰. 经典与非经典生物操纵理论及其应用 [J]. 生态科学，2012，31（1）：86-90.

[5] 方华，陈天富，林建平，等. 李氏禾的水土保持特性及其在新丰江水库消涨带的应用 [J]. 热带地理，2003，3：17-20.

[6] 国家环境保护总局. 水和废水监测分析方法（第四版）[M]. 北京：中国环境科学出版社，2002.

[7] 胡芳. 东江流域惠州段水体富营养化调查与水生态风险预测 [D]. 长沙：湖南农业大学，2012：10.

[8] 胡鸿钧，魏印心. 中国淡水藻类：系统、分类及生态 [M]. 北京：科学出版社，2006.

[9] 胡韧，蓝于倩，肖利娟，等. 淡水浮游植物功能群的概念、划分方法和应用 [J]. 湖泊科学，2015，27（1）：11-23.

[10] 黄磊，张太阳女，苏玉萍，等. 微纳米曝气工程对东牙溪水库水质改善效果 [J]. 渔业研究，2019，41（5）：374-384.

[11] 黄廷林，刘飞，史建超. 水源水库沉积物中营养元素分布特征与污染评价 [J]. 环境科学，2016，37（1）：166-172.

[12] 江霞，王书航. 沉积物质量调查评估手册 [M]. 北京：科学出版社，2012.

[13] 姜欣，朱林，许士国，等. 水源水库季节性分层及悬浮物行为对铁锰迁移的影响——以辽宁省碧流河水库为例 [J]. 湖泊科学，2019，31（2）：73-83.

[14] 康丽娟. 淀山湖沉积物碳、氮、磷分布特征与评价 [J]. 长江流域资源与环境，2012，21：105-110.

[15] Kendall C，Silva S R，Kelly V L. Carbon and nitrogen isotopic compositions of particulate organic matter in four large river systems across the United States [J]. Hydrological Processes，2001，15（7）：1301-1346.

[16] Lampitt R S，Wishner K F，Turley C M，et al. Marine snow studies in the Northeast Atlantic Ocean：distribution，composition and role as a food source for migrating plankton [J]. Marine Biology，1993，116（4）：689-702.

[17] 兰晨，陈敬安，曾艳，等. 深水湖泊增氧理论与技术研究进展 [J]. 地球科学进展，2015，30（10）：1172-1181.

[18] 练继建，杜慧超，马超. 隔水幕布改善深水水库下泄低温水效果研究 [J]. 水利学报，2016，47

(7)：942－948.

[19] 李广宁. 大型水库水温结构及取水口前流场研究 [D]. 天津：天津大学，2015.

[20] 李磊，李秋华，焦树林，等. 小关水库夏季浮游植物功能群对富营养化特征的响应 [J]. 环境科学，2015，36（12）：4436－4443.

[21] 李辉，潘学军，史丽琼，等. 湖泊内源氮磷污染分析方法及特征研究进展 [J]. 环境化学，2011，30（1）：281－292.

[22] 李璇. 分层型富营养化水源水库水质演变机制与水质污染控制研究 [D]. 西安：西安建筑科技大学，2015.

[23] 林少君，贺立静，黄沛生，等. 浮游植物中叶绿素 a 提取方法的比较与改进 [J]. 生态科学，2005，24（1）：9－11.

[24] 刘娅琴，刘福兴，宋祥甫，等. 农村污染河道生态修复中浮游植物的群落特征 [J]. 农业环境科学学报，2015，24（1）：162－169.

[25] 卢少勇，许梦爽，金相灿，等. 长寿湖表层沉积物氮磷和有机质污染特征及评价 [J]. 环境科学，2012，33（2）：393－398.

[26] Lucineide M S，Luciane O C，Carla F. Ecological status assessment of tropical reservoirs through the assemblage index of phytoplankton functional groups [J]. Brazilian Journal of Botany，2017，40：695－704.

[27] 毛建忠，王雨春，赵琼美，等. 滇池沉积物内源磷释放初步研究 [J]. 中国水利水电科学研究院学报，2005，3（3）：229－233.

[28] Matina K，Maria M G，Ulrich S. Assessing ecological water quality of freshwaters：PhyCoI－a new phytoplankton community index [J]. Ecological Informatics，2016，31：22－29.

[29] 欧阳球林，李宇红. 清林径水库水资源保护规划研究 [J]. 水资源保护，2002，1：48－52.

[30] Padisák J，Crossetti L O，Naselli－Flores L. Use and misuse in the application of the phytoplankton functional classification：a critical review with updates [J]. Hydrobiologia，2009，621：1－19.

[31] 潘俊，孙舶洋，魏炜，等. 微纳米曝气-生态浮岛联合技术处理氮磷污染水体 [J]. 环境工程，2020，38（5）：51－53.

[32] Philip A M. Preservation of elemental and isotopic source identification of sedimentary organic matter [J]. Chemical Geology，1994，114：289－320.

[33] 邱祖凯，胡小贞，姚程，等. 山美水库沉积物氮磷和有机质污染特征及评价 [J]. 环境科学，2016，37（4）：1389－1395.

[34] Reynolds C S，Huszar V，Kruk C，et al. Towards a functional classification of the freshwater phytoplankton [J]. Journal of Plankton Research，2002，24（5）：417－428.

[35] 王明翠，刘雪芹，张建辉. 湖泊富营养化评价方法及分级标准 [J]. 中国环境监测，2002，18（5）：47－49.

[36] 王庆锁，梅旭荣，张燕倾，等. 密云水库水质研究综述 [J]. 中国农业科技导报，2009，11（1）：45－50.

[37] 王苏民，窦鸿身. 中国湖泊志 [M]. 北京：科学出版社，1998.

[38] 王亚平，黄廷林，周子振，等. 金盆水库表层沉积物中营养盐分布特征与污染评价 [J]. 环境化学，2017，36（3）：659－665.

[39] 吴长文，王永喜，付奇峰，等. 深圳城郊水库消涨带植被重建技术 [J]. 中国水土保持科学，2009，7（5）：43－47.

[40] 吴涛，王建波，杨洁，等. 大黑汀水库水质时空变化特征及下游引水策略 [J]. 水资源保护，2020，

36 (2): 69 – 76.

[41] Wu Z S, Kong M, Cai Y J, et al. Index of biotic integrity based on phytoplankton and water quality index: Do they have a similar pattern on water quality assessment? A study of rivers in Lake Taihu Basin, China [J]. Science of total environment, 2019, 658: 395 – 404.

[42] 夏莹霏, 胡晓东, 徐季雄, 等. 太湖浮游植物功能群季节演替特征及水质评价 [J]. 湖泊科学, 2019, 31 (1): 134 – 146.

[43] 许炼烽, 刘腾辉. 广东土壤环境背景值和临界含量的地带性分异 [J]. 华南农业大学学报, 1996, 17 (4): 58 – 62.

[44] 徐宁, 段舜山, 林秋奇, 等. 广东大中型供水水库的氮污染与富营养化分析 [J]. 生态学杂志, 2004, 23 (3): 63 – 67.

[45] 徐清, 刘晓端, 王辉锋, 等. 密云水库沉积物内源磷负荷的研究 [J]. 中国科学 D 辑: 地球科学, 2005, 35 (S1): 281 – 287.

[46] 杨丽, 张玮, 尚光霞, 等. 淀山湖浮游植物功能群演替特征及其与环境因子的关系 [J]. 环境科学, 2018, 39 (7): 3158 – 3167.

[47] 杨文, 朱津永, 陆开宏, 等. 淡水浮游植物功能类群分类法的提出、发展及应用 [J]. 应用生态学报, 2014, 25 (6): 1833 – 1840.

[48] 杨晓红, 郑俊, 常艳春, 等. 中型水库水温分层的影响及分层取水建议 [J]. 城镇供水, 2014, 5: 62 – 66.

[49] 杨洋, 刘其根, 胡忠军, 等. 太湖流域沉积物碳氮磷分布与污染评价 [J]. 环境科学学报, 2014, 34 (12): 3057 – 3064.

[50] 余丽燕, 杨浩, 黄昌春, 等. 夏季滇池和入滇河流氮、磷污染特征 [J]. 湖泊科学, 2016, 28 (5): 961 – 971.

[51] 曾红平, 高磊, 陈建耀, 等. 漓江长湖水库沉积物营养元素沉积历史构建及源解析 [J]. 中国环境科学, 2017, 37 (10): 3910 – 3918.

[52] 曾玲玲. 深圳市西丽水库前置库水生态修复植物配置研究 [J]. 人民珠江, 2014, 4: 45 – 46.

[53] 张福龙. 微曝气强化生态浮床生物膜特性研究 [D]. 成都: 西南交通大学, 2015.

[54] 张晓晶, 李畅游, 张生, 等. 乌梁素海表层沉积物营养盐的分布特征及环境意义 [J]. 农业环境科学学报, 2010, 29 (9): 1770 – 1776.

[55] 张亚丽, 张依章, 张远, 等. 浑河流域地表水和地下水氮污染特征研究 [J]. 中国环境科学, 2014, 34 (1): 170～177.

[56] 中华人民共和国农业部. 淡水浮游生物调查技术规范 SC/T 9402 – 2010 [S]. 北京: 人民出版社, 2011.

[57] 朱翔, 张敏, 渠晓东, 等. 潘大水库表层沉积物营养盐污染状况及赋存形态 [J]. 应用生态学报, 2018, 29 (11): 3847 – 3856.

[58] 朱忆秋, 吕俊, 李乔臻, 等. 亚热带水库浮游植物群落的季节变化及其与环境的关系: 两种功能群分类法的比较 [J]. 应用生态学报, 2019, 30 (6): 2079 – 2080.

[59] 卓海华, 邱光胜, 翟婉莹, 等. 三峡库区表层沉积物营养盐时空变化及评价 [J]. 环境科学, 2017, 12 (38): 5020 – 5031.